dtv

Wer kann sich schon der Faszination des Sternenhimmels entziehen, wen läßt die Schönheit des funkelnden Firmaments völlig kalt? Die Astronomie wird auch von vielen Laien mit Leidenschaft betrieben. Helmut Hornung beschreibt den für uns sichtbaren Nachthimmel, erzählt die Mythen der Sternbilder nach und stellt die Planeten unseres Sonnensystems vor. Er wirft auch einige Streiflichter auf die Geschichte der Astronomie und gibt zahlreiche praktische Hinweise zur Beobachtung des Sternenhimmels. Die Karten von Martin Rothe erleichtern die Identifizierung der gesuchten Gestirne.

*Helmut Hornung*, geboren 1959, studierte Anglistik und Germanistik. Von Kindheit an galt sein besonderes Interesse der Astronomie. Seit 1980 veröffentlicht er Hunderte von Artikeln zu diesem Thema. Für sein Buch ›Safari ins Reich der Sterne‹ erhielt er 1993 den Deutschen Jugendliteraturpreis. 1994 begann er in der ›Süddeutschen Zeitung‹ mit seinen monatlichen Himmelsvorschauen und konnte sich damit eine große Stammleserschaft erobern. Auf diesen Beiträgen beruht das vorliegende Buch. Ebenfalls von Helmut Hornung bei dtv: ›Schwarze Löcher und Kometen. Einführung in die Astronomie‹ (33043).

Helmut Hornung

# Astronomische Streiflichter

## Sternbilder, Gestirne und ihre Geschichten

Mit Sternkarten und zahlreichen Abbildungen
von Martin Rothe

Deutscher Taschenbuch Verlag

Originalausgabe
Oktober 2000
© Deutscher Taschenbuch Verlag GmbH & Co. KG, München
www.dtv.de
Das Werk ist urheberrechtlich geschützt. Sämtliche, auch
auszugsweise Verwertungen bleiben vorbehalten.
Umschlagkonzept: Balk & Brumshagen
Umschlagbild: Martin Rothe
Redaktion und Satz: Lektyre Verlagsbüro
Olaf Benzinger, Germering
Gesetzt aus der 11/13° Original Garamond,
auf Quark XPress für Windows, 3.2.2.
Druck und Bindung: C. H. Beck'sche Buchdruckerei, Nördlingen
Gedruckt auf säurefreiem, chlorfrei gebleichtem Papier
Printed in Germany · ISBN 3-423-33059-7

# Inhalt

## Anhang    127

# Vorwort

Wer dieses Buch aufschlägt, wird schnell feststellen, warum die Astronomie – diese sehr alte und zugleich so außerordentlich moderne Wissenschaft – eine solch erstaunlich große Anziehungskraft auf Fachleute wie auch auf Laien besitzt.

Seit Abertausenden von Jahren verzaubert uns der wunderbare Sternenhimmel. Wahrscheinlich solange es uns Menschen auf dieser Erde gibt, denken wir über unseren Ursprung und unsere heutige Stellung im weiten Universum nach und versuchen, die dahinter verborgenen Rätsel zu lösen.

Aber im Gegensatz zu unseren Vorfahren bleibt vielen Menschen heutzutage der ungetrübte Blick nach oben verwehrt. Die Atmosphäre ist zwar nicht plötzlich undurchsichtig geworden, und auch die Himmelskörper verstecken sich nicht neuerdings vor uns, doch das moderne Leben mit seinen nachts taghell erleuchteten Städten sowie langes Verweilen vor strahlenden Bildschirmen ist dafür verantwortlich.

Wie groß aber ist dann unsere Verwunderung, wenn wir – oft erst am fernen Ferienort – endlich das pechschwarze Firmament wieder einmal erleben können und staunend beobachten, wie die Myriaden von farbig leuchtenden Sternen ihre lautlosen Bahnen ziehen!

Und siehe da: Wieder daheim, gehen einige von uns ab und zu abends noch einmal hinaus in die dunkle Nacht, wenn klares Wetter den Blick nach oben frei gibt! Es besteht kein Zweifel, daß mehr und mehr Menschen heute wieder große Freude an der Betrachtung des Himmels und seinem jahreszeitlichen Rhythmus empfinden.

Dieses Buch ist für alle, die sich etwas eingehender mit den Wundern des Sternenhimmels befassen möchten. Es ist ein echter Wegweiser und Begleiter voll spannender kurzer Erzählungen. Fast jeder Stern birgt eine schöne Geschichte, hinter jeder Himmelsbewegung stehen die ewigen Naturgesetze. Das All ist voll mythologischer Geschöpfe, und obwohl wir dank moderner Technologie und aufwendiger Forschung über das Universum heute mehr denn je wissen, ist es doch ein großes Rätsel geblieben.

Wer hat nicht von den Tierkreiszeichen gehört oder von klangvollen Namen der hellen Sterne? In diesem Buch sind alte Erzählungen zu Widder und Wassermann sowie zu Aldebaran und Sirius genauso versammelt wie Berichte über neue Erkenntnisse von Kometen und fernen Gammablitzen, von Sternschnuppen und Sonnenfinsternissen. Sternkarten der vier Jahreszeiten und die dazu gehörigen Beschreibungen laden zu interessanten Himmelswanderungen ein. Wertvolle praktische Tips für den Beobachter gibt es ebenso wie weitere Literatur und empfehlenswerte Internet-Adressen.

Helmut Hornungs Darstellung hat den mitreißenden Stil eines klugen und erfahrenen Wissenschaftsjournalisten, dem die spannende Vermittlung der vielfältigen Hintergründe und großen Zusammenhänge der Astronomie an ein breites Publikum ganz besonders am Herzen liegt.

Ich wünsche allen Leserinnen und Lesern viel Spaß und viele schöne Stunden mit diesem Buch!

Dr. Richard M. West
Europäische Südsternwarte

# Der Himmel
# im Jahreslauf

# Zur Einstimmung: Karten der kosmischen Landschaft

Wer mit dem Auto in einer fremden Gegend unterwegs ist, orientiert sich anhand von Karten. Haupt- und Nebenstraßen sind ebenso eingezeichnet wie Ortschaften oder landschaftliche Merkmale wie Flüsse, Seen oder Berge. Die Karten zu lesen fällt eigentlich nicht schwer, dennoch kommt es vor, daß wir uns verfahren – weil wir eine Kreuzung nicht gefunden oder die falsche Abzweigung genommen haben. Die Natur erscheint eben doch anders als ihr gezeichnetes Abbild im Atlas-Format. Schwierig wird es, wenn die Karte eine Landschaft wiedergeben soll, die buchstäblich nicht von dieser Welt ist: den gestirnten Himmel. Der Kartograph des Firmaments hat mit vielen Problemen zu kämpfen:

1. Das Gewölbe erscheint uns wie eine aufgeschnittene Halbkugel, an deren Innenseite die Sterne funkeln. Wir blicken von unten in diese kosmische Käseglocke hinein, befinden uns scheinbar in deren Zentrum. Die Karte auf einer Buchseite ist aber nicht gewölbt, sondern sie liegt flach vor uns. Das führt zu Verzerrungen.

2. Der runde Kartenrand entspricht dem Horizont. Aber welchem? Jeder Beobachter hat buchstäblich seinen eigenen, und der hängt von der geographischen Breite ab. So mag ein Sterngucker in München tief im Süden einen Stern sehen, der in Hamburg überhaupt nicht den Sprung über den Horizont schafft. Aus diesem Grunde müssen wir in Mitteleuropa für immer auf das berühmte Kreuz des Südens verzichten, während die Neuseeländer niemals den Kleinen Wagen mit dem Polarstern zu Gesicht bekommen.

3. Jede nicht-drehbare Sternkarte gleicht einer Momentaufnahme des Himmels. Denn als Spiegelbild der Erdrotation ziehen die Sterne in jeder Stunde um jeweils 15 Grad (dreißig Vollmonddurchmesser) von Osten nach Westen. In 24 Stunden ist das ein voller Umschwung, entsprechend 360 Grad. Darüber hinaus wandert die Erde einmal pro Jahr um die Sonne. Dadurch verschiebt sich die sichtbare Sternenkulisse von Tag zu Tag. Wenn wir im monatlichen Abstand immer zur selben Zeit beobachten, sehen wir, wie sie um 30 Grad nach Westen gewandert ist.

Um denselben Himmelsausschnitt im Visier zu haben, müßten wir beispielsweise Ende Oktober zwei Stunden früher auf Exkursion am Firmament gehen als zum Monatsanfang (30 Grad entsprechen zwei Stunden).

4. Wären in den Karten alle in unseren Breiten mit bloßem Auge sichtbaren Sterne eingezeichnet – etwa 7000 – würden Laien schnell die Orientierung verlieren. Ebenso unübersichtlich wäre es, alle sechzig Sternbilder des mitteleuropäischen Himmels zu zeigen, weil der Anfänger manche davon wegen ihrer schwachen Sterne kaum identifizieren kann.

Die Karten in diesem Buch sind daher bewußt einfach gehalten und sollen dem Neuling helfen, seine ersten tastenden Schritte über den Fixsternhimmel zu unternehmen. Der Horizont bezieht sich auf einen Beobachtungsort im zentralen Deutschland.

Die vier Jahreszeiten-Karten gelten nur zu den angegebenen Daten und Uhrzeiten genau. Die Konturen der Konstellationen folgen den in der Astronomie üblichen. Die Größe der Kreise ist ein Maß für die scheinbare Leuchtkraft der Sterne – je dicker der Klecks, desto heller ist das Lichtpünktchen. Die Hauptsterne der Figuren tragen Eigennamen. Die Milchstraße ist als graues Band schematisch eingezeichnet.

Mond und Planeten bleiben unberücksichtigt, weil sie ihre Positionen am Himmel ständig verändern. Finden Sie am Firmament einen auffallend hellen Stern, der in den Karten fehlt, handelt es sich wahrscheinlich um einen Planeten.

Viele Leser mögen sich fragen, weshalb auf unseren Karten im Gegensatz zu einem Atlas Osten und Westen »vertauscht« sind. Das hat schon seine Richtigkeit. Um das Firmament und sein gezeichnetes Abbild in Einklang zu bringen, halten wir die Karte in etwa dreißig Zentimeter Abstand senkrecht vor unsere Augen. Dabei sollen die auf der Karte vermerkten Himmelsrichtungen (Norden, Osten, Süden, Westen) und die entsprechenden Punkte am echten Horizont übereinstimmen.

Betrachten wir also den Südhimmel, müssen das Wort »Süden« und der Südpunkt am Horizont zusammenfallen. Jetzt ist links von uns Osten und rechts Westen – genau wie in der Karte. Um den Nordhimmel zu beobachten, verfahren wir wie eben beschrieben, wieder stimmen Osten (rechts) und Westen (links) mit der Karte überein. Beim Blick nach Norden paßt zwar die Stellung der Konstellationen, nicht aber deren Beschriftung, die am Kopf stehen müßte. Der besseren Übersichtlichkeit bei der Beobachtungsvorbereitung wegen haben wir darauf verzichtet.

An die Beschreibungen des jahreszeitlichen Sternhimmels schließen sich jeweils Tips zur Beobachtung von interessanten, meist schon mit bloßem Auge sichtbaren Objekten an. Beim Aufspüren helfen einfache Kärtchen in größerem Maßstab. Um sie im Dunkeln zu erkennen, ohne sich im grellen Licht die Augen zu verderben, sei die Beleuchtung mit einer in rötlichem Licht schwach schimmernden Quelle empfohlen. Gute Dienste erweist hier eine Taschenlampe, die mit der Hülle eines dunkelroten Luftballons abgedeckt wurde.

Am Ende jedes der vier Abschnitte sind unter der Rubrik »Mythologie« im Text genannte Sternbilder aufgeführt, die im Kapitel »Das Firmament erzählt« beschrieben werden. Ebenso finden Sie unter der Rubrik »Astronomische Erklärungen« Objekte oder Begriffe, deren Hintergrund Sie im Kapitel »Ein Panoptikum des Universums« nachlesen können. Weil dieses Büchlein mehr zum Stöbern als zur systematischen Lektüre einladen soll, sind Wiederholungen durchaus beabsichtigt.

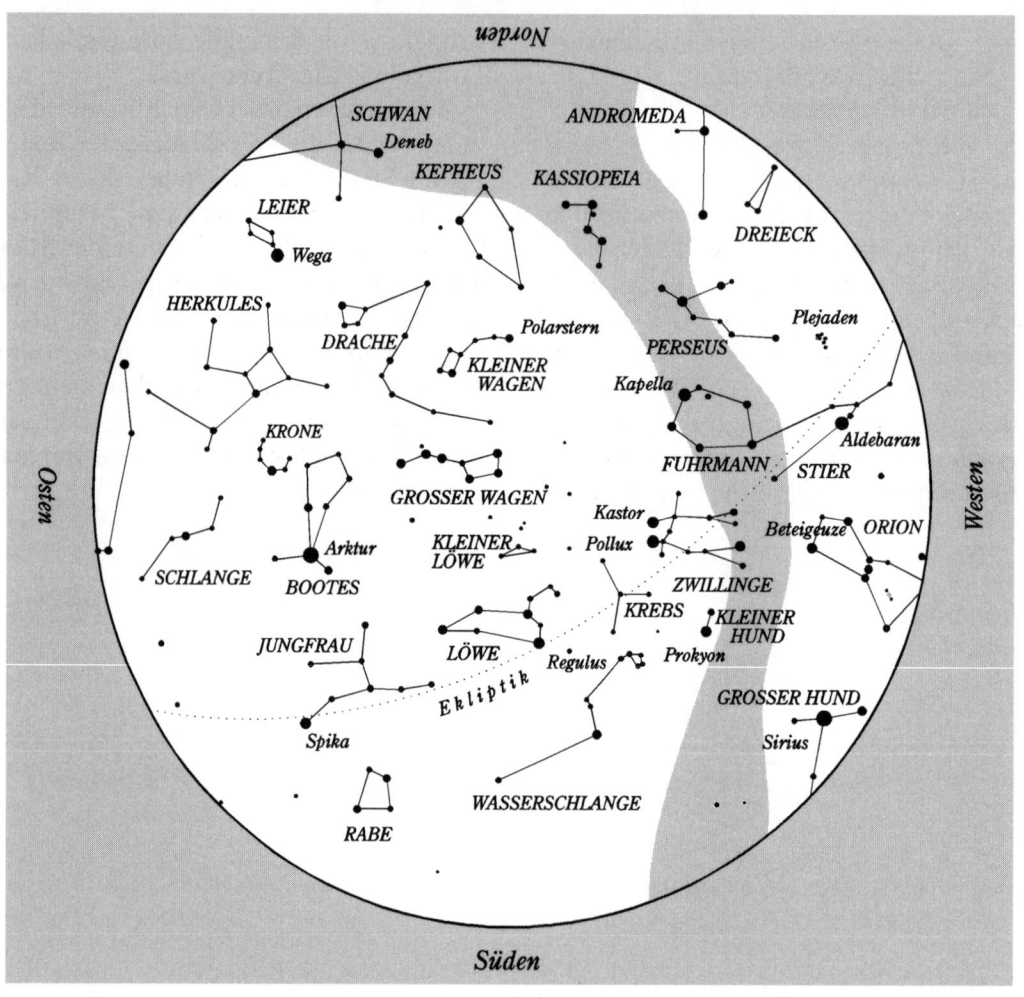

Mitte Februar 01:30 Uhr (MEZ)
Mitte März 23:30 Uhr (MEZ)
Mitte April 22:30 Uhr (MESZ)

Auffällige Himmelskörper entlang der gestrichelten Linie (Ekliptik) sind mit hoher Wahrscheinlichkeit Planeten.

# Frühlings-Sterne

Die lauen Abende mit oftmals sehr klarem Himmel locken im Frühling zu Exkursionen über das Firmament. Aber wie sollen wir uns in diesem Sternenmeer zurechtfinden, das eine mondlose Nacht auf dem Land, fernab den Lichtern der Großstadt, bietet?

Zur ersten Orientierung suchen wir eine Figur, die wohl jeder kennt: den Großen Wagen. Im Frühjahr steht er hoch über unseren Köpfen. Die Deichsel zeigt in Richtung Osten. Zunächst interessieren uns aber seine beiden hinteren Kastensterne. Verlängern wir die gedachte Verbindungslinie dieser beiden Lichtpünktchen um etwa das Fünffache nach Norden, treffen wir auf den Polarstern. Er weist den Weg nach Norden, und um ihn scheint sich das Himmelsgewölbe zu drehen wie das Rad um seine Achsnabe.

Der Polarstern ist der äußerste Deichselstern des Kleinen Wagen, der bei weitem nicht so auffällt wie sein großes Gegenstück. Mit ein wenig Übung sollte es aber gelingen, ihn zu identifizieren. Ebenso wird es dem Ungeübten mit den noch schwächeren Sternen des Bildes Drachen ergehen, der sich zwischen Großem und Kleinem Wagen hindurchschlängelt.

Links von uns ist nun Westen, rechts Osten. Tief über dem nordwestlichen Horizont blinkt Kassiopeia, deren fünf hellsten Sterne ein charakteristisches »W« formen; wegen der jahreszeitlichen Wanderung der Konstellationen gleicht es im Herbst einem »M«. Ziemlich genau über dem Nordpunkt steht die schwach glimmende Figur des Kepheus, östlich davon, fast den Horizont berührend, funkelt einsam der Stern Deneb im Schwan. Folgen wir der Horizontlinie weiter nach Osten, kommen Leier mit der hellen Wega und der mächtige Held Herkules ins Blickfeld. Über dem nordwestlichen Horizont fliegt Perseus mit seinen geflügelten Sandalen. In dieser Gegend haben sich außerdem der Fuhrmann mit der gelblich strahlenden Kapella und, bereits tief gesunken, der Kopf des Stiers mit dem »blutunterlaufenen« Augenstern Aldebaran versammelt.

Legen wir noch einmal den Kopf in den Nacken und schauen uns den Großen Wagen an. Folgen wir dem leichten Schwung seiner Deichsel Richtung Osten, stoßen wir

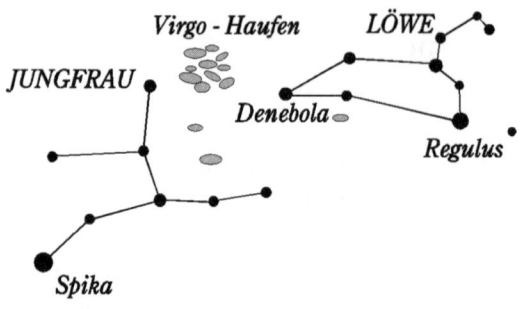

auf einen auffallend hellen, orangeroten Stern: Arktur im Bootes. Die Form der Figur erinnert an einen Kinderdrachen, wie er im Herbst in die Lüfte steigt.

Nahe bei Bootes steht die Sternenkette der Krone. Nun wandern wir mit den Augen Richtung Westen – unterhalb des Großen Wagen, vorbei am Kleinen Löwen – und treffen schließlich auf Kastor und Pollux. Die beiden Hauptsterne der Zwillinge zeugen noch vom winterlichen Sternenhimmel, genauso wie Orion, der sich gerade zum Untergang anschickt.

Drehen wir uns um 180 Grad, haben wir Norden im Rücken und den gesamten Südhimmel im Blick. Osten ist links, Westen rechts. Jetzt stimmen die Orientierung der Sternkarte und die Natur überein, das heißt: Wir müssen die Karte nicht länger »auf den Kopf stellen«. Hoch im Süden

prangt der Löwe – *das* Frühlingssternbild schlechthin. Auch Laien erkennen diese Konstellation problemlos. Der Hauptstern Regulus leuchtet als weißer Lichtpunkt vom irdischen Firmament; diese Sonne ist etwa 85 Lichtjahre entfernt. Westlich des Löwen glimmen die schwachen Sternchen des Tierkreisbildes Krebs. Auch die Wasserschlange gehört eher zu den Unscheinbaren. Dagegen sticht Prokyon, Hauptstern im Kleinen Hund, sofort ins Auge.

Und dies gilt erst recht für Sirius im Großen Hund, dem scheinbar hellsten Fixstern am Himmel. Sirius steht jedoch bereits sehr tief über dem südwestlichen Horizont. Halbhoch im Südosten funkelt blauweiß Spika, der Hauptstern im Bild Jungfrau. Darunter entdecken wir schließlich die viereckige Figur des Raben.

An der Schwanzspitze des Löwen glänzt Denebola. Die Region, die sich von ihm bis zur Jungfrau (lat. *virgo*) erstreckt, birgt ein Geheimnis. Es enthüllt sich aber nur mit Fernglas oder Fernrohr ausgerüsteten Sternfreunden: der Virgo-Galaxienhaufen. Wer diese Gegend systematisch abgrast, stößt gelegentlich auf winzig kleine, blasse Nebelfleckchen. An die 2500 solcher diffusen Lichter haben sich zwischen Löwe und Jungfrau zusammengeschart. Jedes ist eine eigene Weltinsel mit Milliarden Sternen und gigantischen Gas- und Staubwolken. Das Milchstraßensystem, unsere Galaxis, würde aus großer Entfernung ähnlich aussehen wie ein solcher Nebel. Groß ist die Distanz zum Virgo-Haufen in der Tat, die Astronomen schätzen sie auf rund 75 Millionen Lichtjahre. Das Licht von diesen Galaxien ging zu jener Zeit auf die Reise, da der Tyrannosaurus durch die irdischen Wälder stapfte.

Wer im Virgo-Haufen stöbern möchte, sollte ein wenig Erfahrung im Beobachten mitbringen. Die Exkursion lohnt sich nur in einer wirklich sternklaren Nacht ohne störende Lichtquelle. In jedem Fall sollte das Auge zuvor mindestens eine dreiviertel Stunde an die Dunkelheit adaptiert sein.

**Mythologie:**

Bootes (siehe S. 39), Drache (siehe S. 40), Fuhrmann (siehe S. 41), Großer Bär (siehe S.42), Großer Hund (siehe S. 44), Herkules (siehe S. 44), Jungfrau (siehe S. 46), Kleiner Hund (siehe S. 47), Krebs (siehe S. 48), Leier (siehe S. 49), Löwe (siehe S. 50), Orion (siehe S. 51), Perseus (siehe S. 53), Schwan (siehe S. 55), Stier (siehe S. 57), Wasserschlange (siehe S. 59), Zwillinge (siehe S. 61).

**Astronomische Erklärungen:**

Fernglas (siehe S. 72), Polarstern (siehe S. 108), Sirius (siehe S. 110), Virgo-Haufen (siehe S. 124).

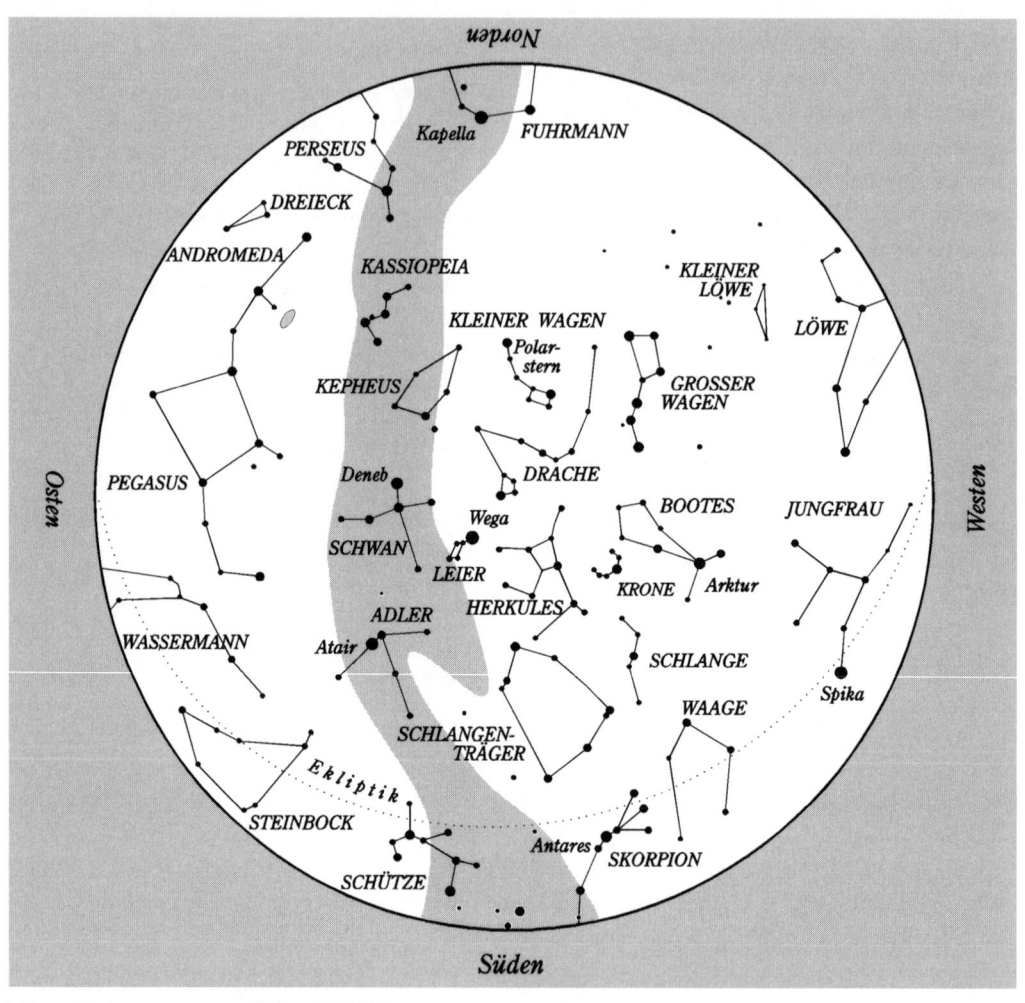

| Mitte Mai | 03:30 Uhr (MESZ) | Auffällige Himmelskörper entlang der gestri- |
| Mitte Juni | 01:30 Uhr (MESZ) | chelten Linie (Ekliptik) sind mit hoher Wahr- |
| Mitte Juli | 23:30 Uhr (MESZ) | scheinlichkeit Planeten. |

# Sommer-Sterne

Sterngucker, die im Sommer Ausflüge am Firmament unternehmen wollen, müssen sich gedulden. Die Sonne geht spät unter, und das Ende der Dämmerung fällt schon in die Nachtstunden. Es lohnt sich aber zu warten, bis es dunkel geworden ist. Nur dann erscheinen auch noch die schwächsten für das bloße Auge sichtbaren Sterne, nur dann taucht ein milchig schimmerndes Band aus dem samtschwarzen Meer des Himmels auf.

In der warmen Jahreszeit steigt es ziemlich genau im Süden über den Horizont, verläuft hoch über unseren Köpfen und verschwindet im Norden aus dem Blickfeld. Milchstraße nennen die Astronomen dieses Band aus Myriaden von Lichtpünktchen. Es ist die ans Firmament projizierte Symmetrie-Ebene unseres heimatlichen Sternsystems (unserer Galaxis) mit kosmischen Gasnebeln, Staubwolken und hundert bis fünfhundert Milliarden Sonnen. Die Sichtbarkeit der Milchstraße ist ein guter Indikator für die Güte der Luftdurchsicht und für die Qualität des Beobachtungsplatzes. Natürlich sollte auch das Licht des Mondes unsere Exkursion nicht stören.

Wir wollen uns zunächst entlang der Milchstraße orientieren und sie als Wegweiser benutzen. Ihre östlichen Ausläufer flankiert tief im Süden der Schütze, westlich davon funkelt der Stachel des Skorpions. In rotem Licht strahlt sein Hauptstern Antares; er ist ein wahrer Riese, in dessen Gashülle unsere Sonne samt der 150 Millionen Kilometer entfernten Erde bequem Platz fände. Oberhalb des Skorpion treffen wir den ausgedehnten, aber wenig auffälligen Schlangenträger. Östlich davon fliegen Adler und Schwan durch die Milchstraße.

Die Figur des Adler enthüllt sich weniger leicht als die des Schwan, der mit weit ausgebreiteten Schwingen gravitätisch über den Himmel zieht. Auf den ersten Blick stechen die Hauptsterne der beiden Bilder ins Auge: Atair im Adler und Deneb im Schwan.

Gemeinsam mit der weißlich funkelnden Wega in der Konstellation Leier bilden sie das Sommerdreieck. Dessen drei hellen »Eckpunkte« – also Atair, Deneb und Wega – gehören zu den ersten Sternen, die im Sommer nach Einbruch der Dämmerung erscheinen.

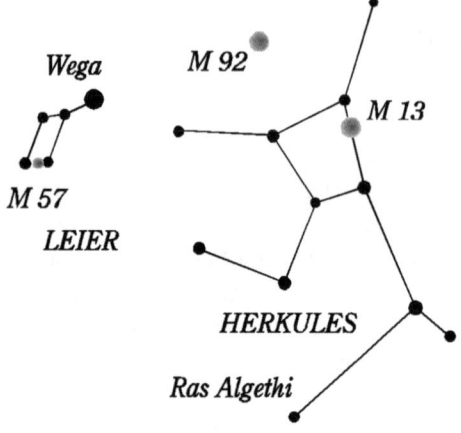

Wega
M 92
M 13
M 57
LEIER
HERKULES
Ras Algethi

übte die in dieser Himmelsregion durchweg schwach glimmenden Lichtpünktchen den Bildern Steinbock und Wassermann zuordnen.

Nun drehen wir uns ganz nach Norden, haben also Skorpion und Schütze im Rücken. Als erstes fällt der Große Wagen auf, der mit steil nach oben gerichteter Deichsel hoch über dem Nordwesthorizont steht. Die etwa fünffache Verlängerung seiner »unteren« Kastensterne führt zum Polarstern am Ende der Deichsel des Kleinen Wagen. Nahe bei ihm entdecken wir den Drachen.

Westlich vom Großen Wagen sinkt der Löwe unter den Horizont. Das schwache Sternendreieck des Kleinen Löwen steht noch etwas höher, aber nur Spezialisten werden es identifizieren. Leichte Beute sind dagegen Kepheus und die W-förmige Kassiopeia – und damit finden wir uns erneut inmitten der Milchstraße wieder. Schnell werfen wir noch einen Seitenblick nach Osten, zum geflügelten Roß Pegasus und der Königstochter Andromeda. Dann gleiten wir die Milchstraße nach unten und entdecken, knapp über dem Nordpunkt, einen hellen gelben Stern: Kapella im Fuhrmann, dessen größter Teil jedoch unter dem Horizont steht.

Verharren wir einen Moment hoch im Süden und wandern von der Leier in Richtung Westen, heraus aus der Milchstraße, dann stoßen wir auf Herkules, die markante Sternenkette der Krone und auf Bootes mit dem orangeroten Arktur. Die Jungfrau und ihr Hauptstern Spika streben im Westen dem Untergang zu.

Im Südwesten stehen das Tierkreissternbild Waage sowie die Schlange. Beide Konstellationen werden wegen ihrer unscheinbaren Sterne leicht übersehen. Kehren wir zum Sommerdreieck zurück und nehmen den östlichen Horizont ins Visier. Hier sind wieder gutes Auge und Phantasie gefragt, denn nur mit einiger Mühe kann der Unge-

Das kleine Sternbild Leier besitzt die Form einer Raute. Wer mit dem Fernglas auf der Verbindungslinie der beiden südlichen Ecksterne entlangwandert, trifft etwa in der Mitte dieser Strecke auf ein schwaches Lichtpünktchen. Bei höherer Vergrößerung entpuppt es sich als zarter »Rauchkringel«, der im All schwebt. Der französische Forscher Charles Messier hat dieses Objekt als Nummer 57 in seinen Katalog aufgenommen.

M 57 ist ein beliebtes Beobachtungsziel für Amateurastronomen. Es handelt sich bei ihm um den Prototyp eines Planetarischen Nebels – Gasschalen, die ein alternder Stern gegen Ende seines Lebens in den Weltraum geblasen hat. Der Ringnebel in der Leier steht etwa 2000 Lichtjahre von der Erde entfernt. Das heißt: Wir sehen ihn so, wie er vor 2000 Jahren ausgesehen hat, zur Zeit um Christi Geburt also.

Viel weiter hinaus ins Universum, nämlich rund 25 000 Lichtjahre, begeben wir uns beim Blick auf den Kugelsternhaufen M 13. Ihn finden wir im östlich der Leier gelegenen Herkules, halbwegs auf der Verbindungslinie der beiden westlichen Kastensterne. Das Fernglas zeigt ein verwaschenes

**Mythologie:**

Andromeda (siehe S. 38), Bootes (siehe S. 39), Drache (siehe S. 40), Fuhrmann (siehe S. 41), Großer Bär (siehe S. 42), Herkules (siehe S. 44), Jungfrau (siehe S. 46), Leier (siehe S. 49), Löwe (siehe S. 50), Pegasus (siehe S. 52), Schwan (siehe S. 55), Steinbock (siehe S. 56), Wassermann (siehe S. 58).

**Astronomische Erklärungen:**

Antares (siehe S. 112), Fernglas (siehe S. 72), Kugelsternhaufen (siehe S. 118), Messier (siehe S. 73), Milchstraße (siehe S. 122), Planetarischer Nebel (siehe S. 119), Polarstern (siehe S. 108), Sommerdreieck (siehe S. 109).

Wölkchen, ein kleines Amateurteleskop löst die äußeren Partien in Sterne auf. Tatsächlich enthält M 13 eine Million Sonnen, die auf engem Raum zusammenstehen. Ebenfalls zur Klasse der Kugelsternhaufen zählt M 92 oberhalb der Schulter des Herkules. Mit bloßem Auge finden wir das Objekt kaum, mit einem Feldstecher aber haben wir leichtes Spiel.

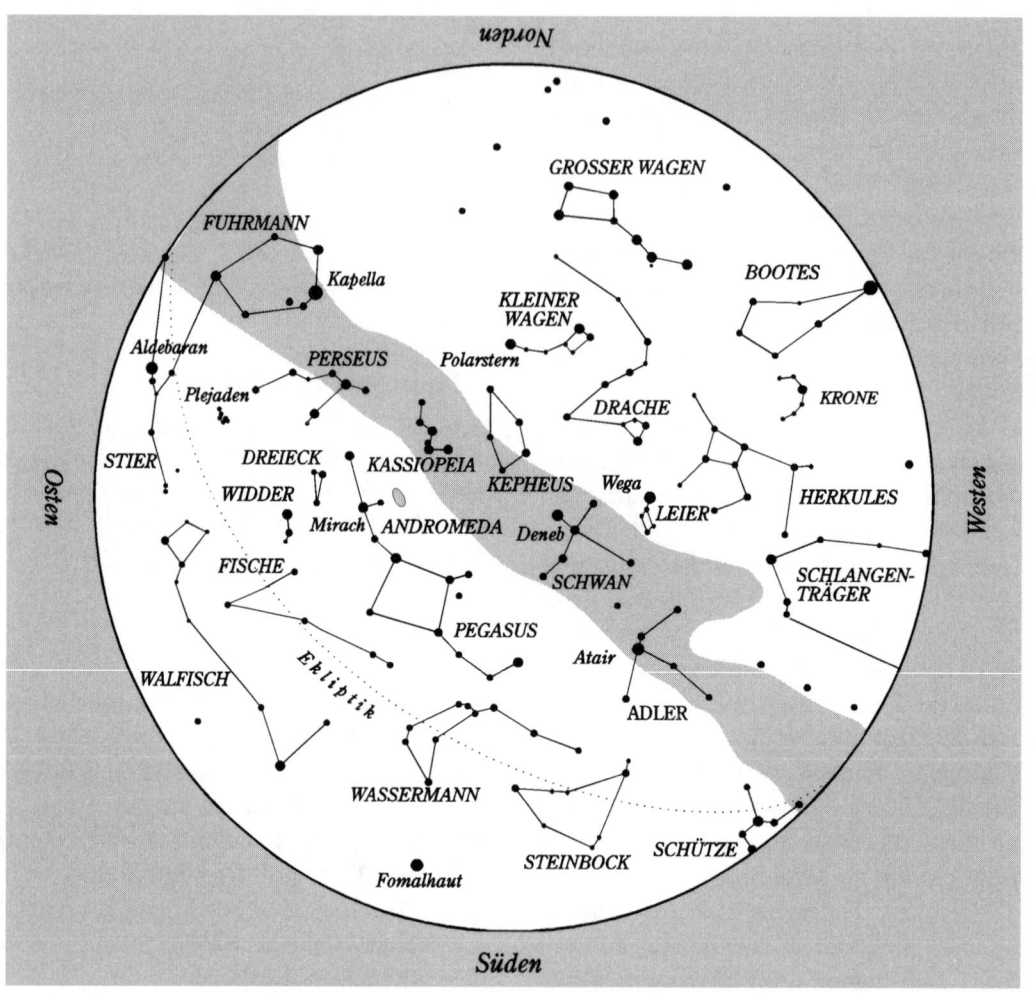

Mitte August      01:30 Uhr (MESZ)
Mitte September 23:30 Uhr (MESZ)
Mitte Oktober   21:30 Uhr (MESZ)

Auffällige Himmelskörper entlang der gestrichelten Linie (Ekliptik) sind mit hoher Wahrscheinlichkeit Planeten.

# Herbst-Sterne

Im Herbst steht das Sommerdreieck am Abend noch hoch am Himmel, Atair, Deneb und Wega bilden die hellen Eckpfeiler. Sie gehören zu den Sternbildern Adler, Schwan und Leier. Der Schwan ist eine Art »Kreuz des Nordens« inmitten der Milchstraße. Diese verläuft zu unserer Beobachtungszeit in etwa von Südwesten nach Nordosten und erscheint nicht mehr ganz so hervorstechend wie während der Sommermonate.

Tief über dem Südhorizont funkelt an klaren Herbstabenden ein einsames Licht: Es ist Fomalhaut, der hellste Stern im Bild Südlicher Fisch, dessen übrigen Sterne zu schwach sind, um in Erscheinung zu treten. Der Name Fomalhaut stammt wie die meisten anderen Sternbezeichnungen aus dem Arabischen und heißt soviel wie »Maul des Fisches«. Dieser Stern ist etwa 25 Lichtjahre von uns entfernt; der amerikanische Infrarot-Satellit IRAS fand im Jahr 1983 Hinweise auf eine Staubscheibe um Fomalhaut, aus der sich eines Tages Planeten bilden könnten.

Die Kulisse halbhoch im Süden dominieren Steinbock und Wassermann. Im Süd-westen verschwindet der Schütze gerade aus dem Blickfeld, im Westen neigt sich der Schlangenträger dem Untergang zu. Auch Herkules und Krone sind ein gutes Stück in Richtung Horizont gerutscht. Dort, im Nordwesten, erkennen wir gerade noch den orangerot funkelnden Arktur im Bootes. Da wir schon so weit nördlich gekommen sind, drehen wir die Karte ganz um und bringen »Norden« mit dem Nordpunkt am Horizont zur Deckung. Die Sternbildnamen stehen jetzt zwar auf dem Kopf, dafür entspricht das Kartenbild dem Anblick der Natur.

Der Große Wagen rollt »im Rückwärtsgang« in geringem Abstand zu Bootes über den Horizont. Mit Hilfe der beiden hinteren Kastensterne, die wir um das Fünffache verlängern, finden wir sofort den Polarstern. An ihm können wir unsere Himmelsrichtung prüfen, denn er weist ziemlich genau nach Norden. Zwischen Großem und Kleinem Wagen treffen wir auf das sehr ausgedehnte Bild Drache, dessen Leib eine Kette von schwachen Sternen bildet. Im Nordosten steht der Fuhrmann, die gelblich leuchtende Kapella ist der weitaus hellste

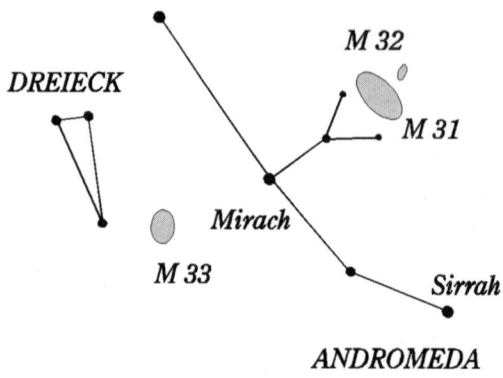

DREIECK

M 32

M 31

M 33

Mirach

Sirrah

ANDROMEDA

Stern in der gesamten Region. Wandern wir vom Fuhrmann höher in Richtung Zenit – dem fiktiven Himmelspunkt genau senkrecht über uns –, kommen wir vorbei an Perseus und Kassiopeia und erreichen schließlich den Kepheus.

Bevor wir den Kopf überdehnen, drehen wir uns samt Karte wieder nach Süden. Hoch am Firmament prangt dort der kastenförmige Pegasus. An ihn schließt sich Andromeda an; der obere Eckstern des Pegasus zählt strenggenommen schon zu ihr. Die beiden Konstellationen gehören zu den markantesten Herbstbildern. Andromeda war eine schöne Königstochter, die Perseus vor einem fürchterlichen Meeresungeheuer gerettet hat. Der tapfere Held steht ebenso am Himmel wie Andromedas Eltern

Kassiopeia und Kepheus. Und das Monster darf natürlich auch nicht fehlen, es trägt den Namen Walfisch und durchpflügt parallel zum südöstlichen Horizont die Wogen des Meeres. Auf alten Sternkarten wie jenen des englischen Astronomen John Flamsteed (1646 – 1719) erscheint der Walfisch als grausiges Phantasiewesen. Zwischen ihm und dem Pegasus tummeln sich die Fische, die zwar kaum ins Auge stechen, aber zu den Sternbildern des Tierkreises zählen.

Zum Abschluß unseres Ausflugs wenden wir uns nach Osten. Mit einiger Übung erkennen wir die winzige Konstellation Dreieck und den nur aus zwei, drei hellen Sternen bestehenden Widder. Dafür blinkt tief über dem Nordosthorizont ein orangeroter Lichtpunkt: Aldebaran im Stier, der uns das Winterhalbjahr über begleiten wird. Schräg oberhalb von Aldebaran spüren wir ein verwaschenes Fleckchen auf, bei genauerem Hinsehen lösen wir es in ein halbes Dutzend Sterne auf. Die Plejaden bilden offiziell keine eigene Konstellation. Sie gehören zur Klasse der offenen Sternhaufen.

Das Wetter im Herbst beschert dem Beobachter oftmals Nächte mit der klarsten Durchsicht des Jahres. Je transparenter der Himmel ist, desto schwächere Sterne tauchen auf. Das Band der Milchstraße erscheint, und nebelhafte Objekte heben sich besonders deutlich vom Hintergrund ab. Eines dieser Wölkchen schwebt im Sternbild Andromeda. Kaum zu glauben, daß das bloße Auge in diesem Moment rund 2,5 Millionen Jahre in die Vergangenheit zurückschaut. Denn der »Andromeda-Nebel« ist ein eigenständiges Milchstraßensystem, 2,5 Millionen Lichtjahre von der Erde entfernt. Im Katalog von Charles Messier heißt er M 31.

Um die Galaxie zu finden, starten wir unsere Entdeckungstour beim hellen Stern Mirach. Von ihm folgen wir der Linie, die zunächst nahezu rechtwinklig auf der Sternenkette der Andromeda steht, dann abknickt und von zwei weniger hellen Sternen beschrieben wird. Im lichtstarken Fernglas füllt die Galaxie einen Großteil des Gesichtsfeldes aus.

Im Fernrohr fallen uns außerdem zwei schwache Nebelfleckchen auf, die M 31 zu beiden Seiten flankieren: Das sind die Begleitgalaxien M 32 und – sehr nahe bei M 31 – NGC 205. Die Abkürzung NGC steht für »New General Catalogue of Nebulae and Clusters of Stars«, den der

**Mythologie:**

Andromeda (siehe S. 38), Bootes (siehe S. 39), Drache (siehe S. 40), Fuhrmann (siehe S. 41), Großer Bär (siehe S. 42), Herkules (siehe S. 44), Leier (siehe S. 49), Pegasus (siehe S. 52), Perseus (siehe S. 53), Schwan (siehe S. 55), Steinbock (siehe S. 56), Stier (siehe S. 57), Wassermann (siehe S. 58), Widder (siehe S. 60).

**Astronomische Erklärungen:**

Andromeda-Galaxie (siehe S. 123), Fernglas (siehe S. 72), Messier (siehe S. 73), Milchstraße (siehe S. 122), Plejaden (siehe S. 117), Polarstern (siehe S. 108).

dänische Astronom John Ludwig Emil Dreyer (1852 – 1926) zusammengestellt hat. Der Katalog enthält 7840 Sternhaufen, Nebel und Galaxien.

Schräg unterhalb des Sterns Mirach entdecken geschickte Sterngucker in der Konstellation Dreieck mit dem Feldstecher ein ausgedehntes Nebelchen: die Spiralgalaxie M 33.

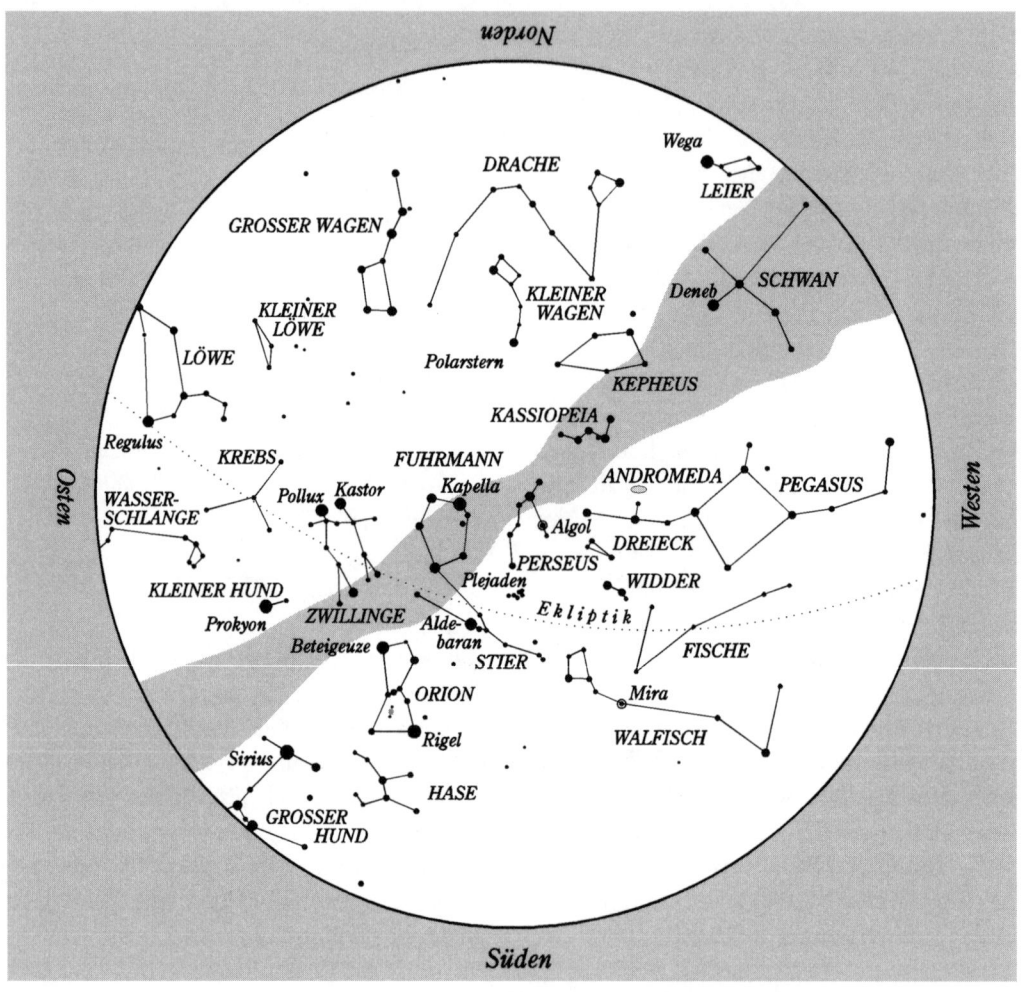

Mitte November 00:30 Uhr (MEZ)
Mitte Dezember 22:30 Uhr (MEZ)
Mitte Januar 20:30 Uhr (MEZ)

Auffällige Himmelskörper entlang der gestrichelten Linie (Ekliptik) sind mit hoher Wahrscheinlichkeit Planeten.

# Winter-Sterne

Der Winterhimmel gleicht einem Schatzkästchen mit vielen Juwelen. Zunächst aber suchen wir den wohlbekannten Großen Wagen. Er steht im Norden, nahe über dem Horizont. Beim Blick in diese Richtung müssen wir die Karte auf den Kopf stellen, damit ihr Anblick der Natur entspricht.

Ohne Probleme finden wir den Polarstern an der Deichselspitze des Kleinen Wagen. Es lohnt sich, dessen Figur länger zu studieren; sie erscheint nicht ganz so markant wie der Große Wagen. Der Körper des Drachen verläuft bogenförmig direkt über dem Nordpunkt, im eckigen Kopf sitzen die beiden hellsten Sterne des Bildes. Westlich davon leuchten zwei Relikte aus wärmeren Tagen: Leier und Schwan mit ihren hellen Hauptsternen Wega und Deneb. Ziehen wir weiter Richtung Westen, treffen wir auf Andromeda und das Sternenviereck des Pegasus.

Jetzt nehmen wir uns die südliche Himmelsbühne vor. Dort bestimmt der Orion die Szene. Neben dem Großen Wagen ist dieses Bild jedem Laien ein Begriff. Es prangt nun halbhoch im Südosten. Die drei Gürtelsterne, die beiden Schultern Beteigeuze (links) und Bellatrix (rechts) sowie der Fußstern Rigel (rechts unten) verleihen dem Helden der griechischen Mythologie am Himmel eine eindrucksvolle Gestalt. Der rötliche Beteigeuze – was vom arabischen Beit al Gueze kommt und »Schulter des Kriegers« heißt – ist nicht nur der scheinbar hellste Stern des Bildes, sondern auch in Wirklichkeit ein Gigant: Er besitzt die etwa 15 000fache Leuchtkraft der Sonne, und stünde er an deren Platz, so würde er den Raum bis zur Bahn des Planeten Mars ausfüllen. Beteigeuze verändert seine Helligkeit und ist rund 430 Lichtjahre von der Erde entfernt.

Die Astronomen sehen in diesem roten Überriesen einen guten Kandidaten für eine Supernova, einen explodierenden Stern. Wann die »Bombe« Beteigeuze zünden wird, vermag niemand zu sagen. Vermutlich wird das in einigen Millionen Jahren geschehen. Daß Beteigeuze schon längst detoniert ist und wir bloß nichts davon wissen, weil uns die Strahlen dieser kosmischen Katastrophe noch nicht erreicht haben, halten die Experten für eher unwahrscheinlich.

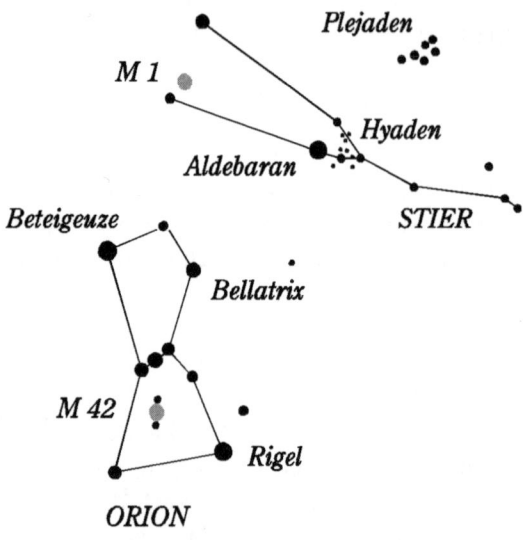

Plejaden

M 1

Hyaden

Aldebaran

Beteigeuze

STIER

Bellatrix

M 42

Rigel

ORION

Der Orion ist nicht nur der Ort vom Sternentod, sondern hier steht mit dem Orionnebel auch die Wiege neuer Sonnen. Wir erkennen das Objekt mit bloßem Auge als blasses Fleckchen im Schwertgehänge, schräg unterhalb des Gürtels.

Orion war ein Jäger, und südlich von ihm springt seine Beute herum: der Hase. Im Südosten steigt der Große Hund über den Horizont. Tief über dem Horizont funkelt Sirius, der hellste Fixstern am irdischen Firmament, in allen Farben. Wesentlich höher blinkt im Osten Prokyon in der Konstel-

lation Kleiner Hund. Ziemlich genau über dem Südpunkt glänzt nun Aldebaran, das etwa 65 Lichtjahre entfernte Auge des Stiers. Die helleren Sterne dieses Bildes umschreiben eine V-förmige Figur. Die über Aldebaran hinaus nach Südwesten verlängerte Spitze weist uns den Weg zum Walfisch. Oberhalb von ihm stehen Fische, Widder und Dreieck.

Steigen wir noch höher, kommt Perseus mit dem »Teufelsstern« Algol ins Visier. Ebenso wie Mira im Walfisch wechselt er seine Helligkeit. Die Astronomen bezeichnen solche Sonnen als veränderliche.

Im Zenit, also direkt über unseren Köpfen, leuchtet die gelbliche Kapella in der Konstellation Fuhrmann. In Richtung Nordwesten schimmert das W oder M (das ist im wahrsten Sinne Ansichtssache) der Kassiopeia, und noch ein Stück weiter steht der unauffällige Kepheus. Östlich des Fuhrmann entdecken wir ohne große Mühe die Zwillinge Kastor und Pollux. Pollux ist einer der Sterne des Wintersechsecks, dem Gegenstück zum Sommerdreieck. Es besteht aus den Sternen Sirius, Rigel, Aldebaran, Kapella, Pollux und Prokyon. Im Osten stehen Krebs und Kleiner Löwe, über den Horizont klettern gerade Wasserschlange und Löwe. Sie künden vom Frühjahr – der Jahreskreis schließt sich.

Geburt und Tod, Anfang und Ende liegen am winterlichen Firmament eng beisammen. Um den Kreislauf der Sterne zu studieren, sollten wir uns Zeit nehmen und einen Beobachtungsplatz fernab den Lichtern der Stadt aussuchen. Im Gepäck haben wir ein Fernglas. Und nicht vergessen: Vor dem Beginn der Beobachtung müssen wir unsere Augen eine Zeitlang an die Dunkelheit gewöhnen.

Zunächst suchen wir im Süden die Figur des Orion. Unser Blick gleitet vom Gürtel ins Schwert und verharrt an einem verwaschenen Fleckchen, dem zirka 1500 Lichtjahre entfernten Orionnebel. Wir sehen nur seine hellsten Partien, der Wolkenkomplex ist in Wirklichkeit viel größer. Er besteht im wesentlichen aus Wasserstoff, der sich hie und da zu neuen Sonnen zusammenballt. Im Feldstecher offenbart sich das Objekt als reich strukturiert, dunkle und helle Regionen wechseln sich ab. Im Zentrum blinkt das Oriontrapez aus vier Sternchen. Weil wir schon in der Gegend sind, sollten wir einen Blick auf die offenen Sternhaufen Plejaden und Hyaden werfen. Die Hyaden sind locker in V-Form um den Stierhauptstern Aldebaran verstreut. Das Fernglas benötigen wir, um den Überrest eines Sterns aufzuspüren, der vor 950 Jahren als

---

**Mythologie:**

Andromeda (siehe S. 38), Drache (siehe S. 40), Fuhrmann (siehe S. 41), Großer Bär (siehe S. 42), Großer Hund (siehe S. 43), Kleiner Hund (siehe S. 47), Krebs (siehe S. 48), Leier (siehe S. 49), Löwe (siehe S. 50), Orion (siehe S. 51), Pegasus (siehe S. 52), Perseus (siehe S. 53), Schwan (siehe S. 55), Stier (siehe S. 57), Wasserschlange (siehe S. 59), Widder (siehe S. 60), Zwillinge (siehe S. 61).

**Astronomische Erklärungen:**

Algol (siehe S. 114), Crabnebel (siehe S. 120), Messier (siehe S. 73), Mira (siehe S. 114), Orionnebel (siehe S. 115), Plejaden (siehe S. 117), Polarstern (siehe S. 108), Sirius (siehe S. 110).

---

Supernova explodiert ist. Dieser Crabnebel trägt die Messier-Nummer 1. Wir müssen ihn nahe dem linken Hornende des Stier suchen. Im Feldstecher erscheint M 1 als kleines milchiges Etwas, fast wie ein ausgefranster Stern. Für den Anfänger stellt die erfolgreiche Beobachtung des Objekts eine gewisse Herausforderung dar – um so schöner, wenn man es tatsächlich gefunden hat.

# Das Firmament
erzählt

# Zur Einstimmung: Ausflug in die Welt der Sagen

Der gestirnte Himmel ist ein Tummelplatz der Phantasie, schon vor Tausenden von Jahren haben ihn unsere Vorfahren bestaunt. Das Firmament war ein Teil der Natur – unerreichbar und geheimnisvoll. Doch die Menschen wollten begreifen, was es mit der glitzernden Pracht auf sich hat. So begannen sie, die Gestirne zu beobachten. Regelmäßig zog der Mond in stets wechselnder Gestalt dahin. Einige seltsame Sterne (wir nennen sie Planeten) wanderten auf verschlungenen Pfaden gemächlich über den Himmel.

Die weitaus meisten der mehr oder weniger hellen Lichtpünktchen blieben unverrückbar an ihren Plätzen, waren scheinbar ans Firmament fixiert. Sie ließen sich zu Figuren verbinden, die wiederum als Ortsmarken für die Wege von Mond und Planeten dienten. Auf diese Weise sortierten die Menschen das Firmament. Das war die Geburtsstunde der Sternbilder.

Die babylonischen Priesterastrologen besaßen in der Zeit um 800 vor Christus bereits erstaunliche Kenntnisse über die Bewegungen der Himmelskörper. Die Umlaufzeiten der damals bekannten Planeten Merkur, Venus, Mars, Jupiter und Saturn bestimmten sie mit ebenso hoher Genauigkeit wie die Längen von Monat und Jahr. Mond und Planeten liefen auf ihren Wanderungen immer durch die selben Sternfiguren. Die Babylonier faßten sie zu einem System von zwölf Konstellationen zusammen. Diese Tierkreisbilder sind aber noch älteren Ursprungs. Offenbar gehen sie auf die Sumerer zurück, die seit dem Ende des vierten Jahrtausends vor Christus die fruchtbare Ebene zwischen Euphrat und Tigris besiedelten. Hier, im Zweistromland, stand vor etwa 4000 Jahren die Wiege der noch heute gebräuchlichen Sternbilder.

Einer Theorie zufolge könnten auch die Minoer eine wichtige Rolle in der Geschichte der Sternbilder gespielt haben. Die Hochkultur erlebte ihre Blütezeit auf Kreta und auf anderen Inseln vor der griechischen Küste zwischen 3000 und rund 1500 vor Christus. Die Minoer waren Seefahrer. Vielleicht verwendeten sie die Konstellationen als eine Art himmlische Lotsen. Das Navigieren nach den Sternen war ja über lange Zeit die einzige Möglichkeit der Orientierung auf See.

Die frühgriechischen Schriftsteller Homer (etwa zweite Hälfte des achten Jahrhunderts vor Christus) und Hesiod (um 700 vor Christus) erwähnen in ihren Werken bereits einige der Bilder ihrer zeitgenössischen babylonischen Sternkundigen wie den Orion oder den Großen Bären.

Erst der Astronom Eudoxos von Knidos (um 408 – um 355 vor Christus) liefert eine ausführliche Beschreibung der Konstellationen. Ihnen hat der Gelehrte zwei Werke gewidmet, die beide verlorengingen. Eines hieß ›Phainomena‹ (Himmelserscheinungen). Diesen Titel trägt auch ein Lehrgedicht, das Aratos von Soloi (um 315 – um 245 vor Christus) verfaßt hat. In Anlehnung an Eudoxos beschreibt Aratos darin Fixsterne, Planeten, meteorologische Erscheinungen sowie 47 Sternbilder und ihre Mythen.

Der Astronom Eratosthenes (275 – 195 vor Christus) bestimmte nicht nur den Umfang der Erdkugel mit 37 000 Kilometern erstaunlich genau, sondern von ihm stammen wohl auch die ›Katasterismen‹, in denen er die Geschichten zu 42 Sternbildern erzählt. Jahrzehnte später tragen Dichter wie Ovid, Apollodoros, Apollonius von Rhodos und ein römischer Autor namens Hygin (›Poetica Astronomica‹) zur Verbreitung der griechischen Mythologie bei.

Claudius Ptolemäus (etwa 85 – etwa 165 nach Christus) schließlich faßt das gesamte astronomische Wissen seines Kulturkreises im ›Almagest‹ zusammen. Darin führt er 1025 Sterne sowie 48 Konstellationen auf.

In dem monumentalen Werk finden sich alle in diesem Kapitel beschriebenen 22 Konstellationen – von der Andromeda bis zu den Zwillingen. Der ›Almagest‹ bleibt über Jahrhunderte die Bibel der Astronomen. Die Araber bewahren das Erbe der griechischen Kultur. So übersetzen sie im 8. Jahrhundert auch das Opus des Ptolemäus in ihre Sprache. Die arabischen Gelehrten ändern nichts an den Sternbildern. Wohl aber fügen sie eine ganze Reihe von Sternnamen hinzu, die sich ebenfalls bis in unsere Zeit erhalten haben, zum Beispiel Rigel (von *rijl*, Fuß).

Als die Europäer im 15. und 16. Jahrhundert aufbrachen, um eine neue Welt zu erobern, entdeckten sie auch einen neuen Himmel. Wie schon Tausende Jahre zuvor ordneten die Seefahrer nun die Sterne zu Figuren. Zunächst gaben sie ihnen Namen von exotischen Tieren wie Chamäleon, Schwertfisch oder Tukan. Später verewigten sie vor allem wissenschaftliche Instrumente am Firmament: Mikroskop, Oktant oder Pendeluhr. Die Holländer Pieter Dirkszoon Keyser und Frederick de Houtman führten zwischen 1596 und 1603 zwölf Süd-Sternbilder ein, der Franzose Nicolas Louis de Lacaille im Jahr 1754 noch einmal 14. Auch der Nordhimmel bekam Zuwachs, als der Danziger Ratsherr und Astronom Johannes Hevelius Ende des 17. Jahrhunderts elf neue Konstellationen vorschlug, von denen sich sieben durchsetzten.

Vergleichsweise spät, im Jahr 1933, legte die Internationale Astronomische Union die Zahl der Sternbilder am gesamten irdischen Firmament auf 88 fest und wies ihnen rechtwinklig verlaufende Grenzen zu. Auf wissenschaftlichen Karten werden die Sterne nach dem griechischen Alphabet benannt, und zwar in der Reihenfolge ihrer Helligkeiten. An den Buchstaben (alpha, beta usw.) schließt sich der Genitiv des lateinischen Sternbildnamens an.

So heißt der hellste Stern im Adler (lat. *aquila*) alpha Aquilae; gleichzeitig trägt er den aus dem Arabischen stammenden Eigennamen Atair.

Im Folgenden wird die Mythologie von 22 Sternbildern der nördlichen Himmelskugel erzählt. Die Darstellung erhebt keinen Anspruch auf Wissenschaftlichkeit, sondern will vielmehr den klassischen Stoff mehr oder weniger frei interpretieren. Zu manchen Mythen gibt es mehrere Versionen. Ich habe mich meist nur für eine entschieden. Darüber hinaus haben viele Konstellationen auch in anderen Kulturkreisen als dem griechischen interessante Geschichten – im indischen oder ägyptischen zum Beispiel. Auch auf deren Schilderung verzichte ich allerdings zugunsten einer leichteren Lesbarkeit.

# Andromeda

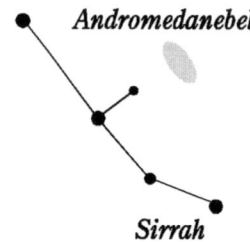

**Andromedanebel**

**Sirrah**

In Zeiten, da noch leibhaftige Götter und Helden am Himmel regierten, lebten in Äthiopien König Kepheus und seine Gemahlin Kassiopeia. Der ganze Stolz des Königspaares war seine Tochter Andromeda. Eines Tages behauptete Kassiopeia, sie sei viel schöner als die Nereïden, doch das paßte den Meerjungfrauen gar nicht. Tief gekränkt baten sie ihren Chef, die eitle Königin für diese ungeheuerliche Behauptung zu bestrafen. Poseidon fackelte nicht lange: Er schickte den Walfisch los.

Kein gewöhnlicher Wal, sondern Cetus, ein schreckliches Monster, tauchte kurz darauf an den Gestaden Äthiopiens auf. Mit dem mächtigen Schwanz schlug es auf das Wasser; Menschen und Tiere wurden ins Meer gespült, Schiffe versanken in den Fluten. Was sollte König Kepheus gegen diese fürchterliche Plage tun?

In seiner Not wandte er sich an das Orakel von Delphi: »Du kannst dein Land nur retten, wenn du Andromeda dem Ungeheuer opferst«, lautete dessen Spruch. Schweren Herzens entschloß sich der König, seine Tochter an einen von der Brandung umspülten Felsen zu schmieden.

Schon schwamm Cetus mit geblähten Nüstern heran – doch Hilfe nahte aus der Luft: Perseus, der Sohn des Zeus und der Danaë, stürzte sich – mit seinen geflügelten Sandalen am Himmel dahinjagend – mutig auf Cetus und trieb sein Schwert tief in dessen Nacken. Das Monster starb, Andromeda kam frei und wurde mit Perseus vermählt.

Am Herbsthimmel sind sie alle versammelt: Kepheus und Kassiopeia, Andromeda, Perseus und der Walfisch. Furchteinflößend wirkt Cetus allerdings nicht gerade. Wir müssen schon eine dunkle Nacht abwarten und gut hinschauen, um die ausgedehnte Figur überhaupt zu erkennen.

# Bootes

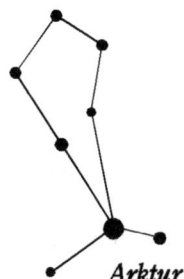

*Arktur*

Göttervater Zeus führte ein strenges Regiment, das bekamen auch Demeter, die Göttin der Feldfrucht, und der Sämann Iasion zu spüren. Die zwei hatten sich ineinander verliebt und sofort ein »Bett im Kornfeld« gesucht. Doch die Affäre flog auf; Zeus, der keine Beziehungen zwischen Göttern und Menschen zulassen wollte, erschlug Iasion mit einem Blitz. Demeter aber gebar zwei Söhne, Philomelos und Plutos. Während Plutos zum Gott des Reichtums avancierte, schlug Philomelos eine Laufbahn als Bauer ein und erfand Wagen und Pflug. Demeter versetzte Philomelos unter die Sterne, dort lenkt er – allerdings unter dem Namen Bootes – sein Gefährt, den Großen Wagen, über das Firmament.

Ausnahmsweise sei eine zweite Version erzählt. Danach ist Bootes niemand anderer als Arkas, der Sohn von Zeus und Kallisto. Als Kind mußte er Grausames mitmachen: Um zu testen, wieviel Macht Zeus besaß, wurde Arkas von den Söhnen des Königs Lykaon, dem Vater der Kallisto, zerstückelt und dem Obergott während eines Gastmahls als Speise vorgesetzt. Natürlich erkannte Zeus das Fleisch seines Sohnes. Rasend vor Wut tötete er die Königssöhne, verwandelte Lykaon in einen Wolf und flickte Arkas wieder zusammen. Als Jüngling dann versetzte ihn Zeus ans Firmament, weil er beinahe seine Mutter umgebracht hätte, die in eine Bärin verwandelt worden war. Doch das ist eine andere Geschichte (siehe S. 42).

Der Bootes gehört zu den sehr alten Sternbildern. Die meisten Mythen bringen die Figur mit dem benachbarten Großen Wagen in Verbindung. Bootes bedeutet soviel wie Ochsentreiber oder Rinderhirt. In mancher Überlieferung führt er daher nicht einen Wagen über den Himmel, sondern sieben Dreschochsen um den Göpel, das heißt: die sieben hellen Sterne des Großen Wagen um den Himmelspol. Und schließlich gilt Bootes noch als Bärenhüter. Denn der Große Wagen ist keine eigene Konstellation; vielmehr gehört er zu dem ausgedehnteren Bild Großer Bär.

# Drache

*Etamin*

Die Erdgöttin Gaia hatte Hera zu ihrer Hochzeit einen wunderbaren Baum geschenkt. Hera pflanzte ihn an den Hängen des Atlasgebirges westlich des Okeanos und beauftragte die Töchter des Atlas und der Hesperis, ihn zu bewachen. Denn jedes Jahr trug der Baum drei goldene Äpfel.

Doch die Hesperiden konnten der Versuchung nicht widerstehen – und stibitzten die Früchte der ewigen Jugend. Als sie von dem Diebstahl erfuhr, wurde Hera sehr zornig. Sie schickte nach dem Drachen Ladon. Das Ungeheuer soll geflügelt gewesen sein und hundert Köpfe gehabt haben. Aus den Mäulern züngelten Flammen, die Schuppen seines Panzers waren hart wie Stahl. Und der Drache schlief niemals. Hera erschien er als idealer Wächter. Tatsächlich schlängelte sich Ladon sogleich um den Apfelbaum und wich fortan nicht von der Stelle.

Da tauchte eines Tages Herkules im Atlasgebirge auf. Er hatte von König Eurystheus zwölf Aufgaben bekommen, die unlösbar erschienen. Eine davon sollte es sein, die Äpfel vom Baum der Hera zu pflücken. Die Sonne stand schon tief am Horizont, als Herkules den Garten der Hera betrat. Langsam näherte er sich dem Wunderbaum. Schon schoß Ladon hervor. Wie besessen schlug Herkules mit dem Schwert auf das Monster ein und brachte es nach erbittertem Kampf schließlich zur Strecke. Weil der Held den Rat erhalten hatte, die Goldäpfel nicht selbst vom Baum zu holen, bat er Atlas darum. Bis dieser mit den Früchten zurückkehrte, mußte Herkules für ihn das Firmament tragen. Nach einiger Zeit erschien Atlas mit der wertvollen Beute.

Herkules beeilte sich, dem Atlas die schwere Himmelslast zurückzugeben, und machte sich mit dem Schatz davon. Hera versetzte den Drachen Ladon unter die Sterne. Dort windet er sich zwar nicht mehr um den Apfelbaum, wohl aber um den nördlichen Himmelspol. Auch hat er nur noch einen Kopf, den vier Sterne markieren und der auf den Herkules gerichtet ist. Während der Drachentöter im Winter unter den Horizont sinkt, bleibt Ladon das ganze Jahr über sichtbar.

# Fuhrmann

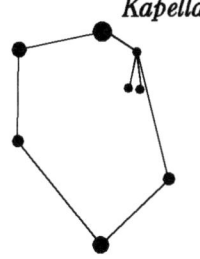

*Kapella*

König Oinomaos galt als meisterlicher Lenker von Pferdegespannen. Für seinen Schwiegersohn in spe hatte sich der antike Sagenkönig etwas Besonderes ausgedacht. Jeder, der um seine Tochter Hippodameia warb, mußte gegen ihn im Rennen antreten. Für Oinomaos' Gegner bedeutete dies ein Spiel mit dem Tod. Denn, so lautete die Abmachung, sollte der König gewinnen, durfte er seinen Gegner mit der Lanze durchbohren. Ein Dutzend Prinzen hatten sich der Herausforderung bisher gestellt – allesamt verloren sie erst das Rennen und anschließend ihr Leben. Trotzdem machte sich Pelops, der Sohn des Tantalos, auf den Weg zum Hof des Oinomaos. Dort verließ ihn kurzzeitig der Mut, doch dann entschloß er sich, seinem Glück nachzuhelfen. Er brachte einen Gehilfen des Königs auf seine Seite und heckte eine List aus: Myrtilos, so hieß der Komplize, sollte den Achsennagel am Gespann seines Herrn durch ein Stück Wachs ersetzen.

Der Plan gelang. Kurz nach dem Start begann das Wachs zu schmelzen, der Wagen des Oinomaos kippte um, die Pferde schleiften den König zu Tode. Pelops heiratete Hippodameia – und stürzte den Mitwisser Myrtilos von einem Felsen ins Meer. Weil der Getötete aber der Sohn des Hermes war, ließ ihn dieser am Himmel als Fuhrmann aufleben.

In der Konstellation blinkt der helle Hauptstern Kapella, was im Lateinischen Ziege bedeutet. Nach einer Erzählung gehörte sie der Nymphe Amaltheia. Als Zeus vor seinem Vater Kronos in Sicherheit gebracht und in eine Höhle geschafft wurde, soll die Ziege den Säugling mit ihrer Milch genährt haben. Als Dank durfte sie zum Firmament aufsteigen.

## Großer Bär – Großer Wagen

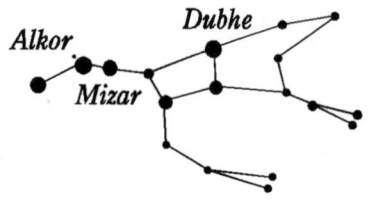

Niemals möge die Bärin im Meer ein Bad nehmen! Voller Verachtung für ihre Nebenbuhlerin Kallisto, die Zeus unter die Sterne versetzt hat, stieß Hera diesen Fluch aus. Und so geschieht es. Nie sinkt die Große Bärin – im Deutschen hat sich der Name Großer Bär eingebürgert – in mittleren nördlichen Breiten unter den Horizont.

Zu den populärsten Konstellationen gehört Ursa Maior jedoch aus einem anderen Grund: Die sieben hellsten Sterne bilden nicht nur Körper und Schwanz der Bärin, sondern ähneln in ihrer Anordnung einem Wagen mit Deichsel. Der Große Wagen zählt nicht zu den 88 Sternbildern; dennoch taucht er in den meisten Karten als eigene Figur auf, zumal die übrigen Sterne von Ursa Maior nur sehr schwach leuchten. Bereits die Babylonier bezeichneten das Bild als Himmelswagen, bei den alten Germanen galt er als Gefährt Wotans. Die Amerikaner nennen die Konstellation »Big Dipper«, Großer Schöpflöffel.

Um Ursa Maior ranken sich viele Sagen. Die bekannteste beschreibt Heras Eifersucht auf die schöne Kallisto. Das Mädchen gehörte zum Gefolge der Jagdgöttin Artemis. Eines Tages nahm Zeus die Gestalt von

Artemis an, näherte sich ihr und enthüllte seine wahre Identität. Ehe sich Kallisto versah, war es auch schon passiert. Kallisto brachte Arkas zur Welt. Hera blieb der Fehltritt ihres Mannes nicht verborgen. Doch ihre Wut richtete sich ganz auf Kallisto, die sie schließlich aufsuchte. Zornentbrannt schleuderte Hera die unglückliche Frau zu Boden und verwandelte sie in eine Bärin.

15 Jahre lang streifte Kallisto durch die Wälder, immer auf der Flucht vor Jägern. Eines Tages wurde sie wieder gejagt – von keinem anderen als ihrem Sohn Arkas, der sie nicht erkannte. Schon hob er den scharfen Speer, um sie zu durchbohren, da griff in letzter Sekunde Zeus ein und trug beide zum Firmament empor. Arkas verwandelte sich zu Bootes, der die Bärin über den Himmel verfolgt.

# Großer Hund

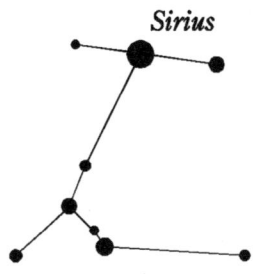

*Sirius*

Lailaps war ein Wunderhund: So schnell wie der Wind jagte er seiner Beute hinterher, kein Tier konnte ihm entkommen. Klar, daß der Hund quasi vom Himmel stammte. Der Göttervater Zeus, so geht die

Sage, soll ihn seiner Geliebten Europa geschenkt haben. Ihr hatte er sich in Gestalt eines weißen Stiers genähert. Das Mädchen spielte mit ihm, schwang sich schließlich auf seinen Rücken, und der Stier schwamm nach Kreta. Dort gebar Europa dem Zeus zwei Söhne: Rhadamanthys und Minos.

Minos tötete seinen Bruder im Kampf und setzte sich die Königskrone von Kreta auf. Später heiratete er Pasiphaë, die Tochter des Sonnengottes. Um ihren Gemahl ganz an sich zu binden, belegte sie ihn mit einem Zauber. Jede Frau, die er berührte, starb – sie selbst natürlich nicht. Doch Prokris, die Gattin des Kephalos, vermochte den unglücklichen Herrscher zu heilen. Zum Dank schenkte er ihr den Hund Lailaps, den er selbst von seiner Mutter bekommen hatte.

Eines Tages hörte Kephalos von einem Fluch, der auf dem Königreich Theben lag. Ein fürchterlicher Fuchs verwüstete das ganze Land; wegen seiner Schnelligkeit war er nicht zu fassen. So machte sich Kephalos mit Lailaps auf nach Theben. Wäre doch gelacht, wenn der Hund den Fuchs nicht zur Strecke bringen sollte. Die wilde Jagd ging los. Doch kaum hatte Lailaps den Fuchs gefangen, befreite sich dieser und entkam. Dieser Wettkampf wäre auf ewig unentschieden weitergegangen, hätte Zeus nicht eingegriffen. Ohne lange zu zögern, verwandelte er die beiden Tiere in Steine und versetzte den Hund an den Himmel.

Sirius im Großen Hund ist der hellste Stern am irdischen Firmament. »Er speit Flammen und verdoppelt die sengende Wirkung der Sonne«, schreibt der römische Autor Marcus Manilius. Tatsächlich markierte sein Aufgang in der Morgendämmerung im antiken Griechenland den Beginn der größten Sommerhitze. Diese Tradition hat sich bis heute erhalten, wenn wir von den »Hundstagen« sprechen.

## Herkules

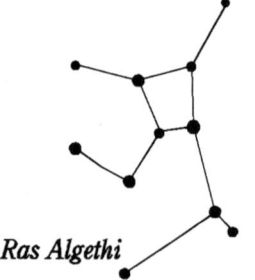

Ras Algethi

Alkmene galt als die schönste und klügste unter den sterblichen Frauen. Deswegen hatte Zeus ein Auge auf sie geworfen. Eines Nachts besuchte sie der listenreiche Obergott in Gestalt ihres Gatten Amphitryon.

Alkmene gebar einen Jungen, der später Herkules (griech. Herakles) genannt wurde. Um ihm himmlische Kräfte zu verleihen, legte ihn Zeus seiner schlafenden Gemahlin Hera an die Brust. Sogleich begann das Baby

44

heftig zu saugen. Hera erwachte und stieß den fremden Säugling von sich. Milch spritzte ans Firmament – die Milchstraße entstand. Fortan empfand Hera eine tiefe Abneigung gegen Herkules. Sie sandte sogar giftige Schlangen an dessen Wiege, um ihn zu töten. Der kräftige Junge jedoch packte die Nattern am Kopf und erwürgte sie.

Hera gab nicht auf und setzte alles daran, Herkules das Leben schwerzumachen. Als er längst zu einem erwachsenen Mann geworden war, belegte sie ihn mit einem bösen Zauber, unter dem er seine Frau und seine Kinder ermordete. Um seine schreckliche Tat zu sühnen, trat er für zwölf Jahre in die Dienste von König Eurystheus. Zwölf Arbeiten erledigte Herkules für ihn. Diese Heldentaten brachten ihm großen Ruhm ein. Daraus erklärt sich auch sein Name, der soviel bedeutet wie »der durch Hera Berühmte«.

Die Aufgaben des Herkules galten als unlösbar. So mußte er beispielsweise den nemeischen Löwen töten, die neunköpfige Hydra bezwingen, eine Hirschkuh mit gol-

denen Hörnern, einen wilden Eber sowie den mächtigen kretischen Stier einfangen oder die Äpfel aus dem Garten der Hesperiden stehlen. Zu den bekanntesten, geradezu sprichwörtlichen Taten gehörte das Ausmisten der Ställe von König Augeias. Herkules schaffte es an einem Tag, indem er einen Fluß durch das gewaltige Gebäude leitete.

Nach diesen Mühen heiratete Herkules seine zweite Frau Deïaneira. Eines Tages glaubte sie, ihr Mann habe ein Techtelmechtel mit einer anderen. Um ihn wieder für sich zu gewinnen, zog sie ihm ein Hemd an, das sie mit dem Blut eines Kentauren getränkt hatte. Als sich das Blut am Körper des Herkules erwärmte, begann es, seinen Körper zu zerfressen. Der Held, rasend vor Schmerz, verbrannte sich selbst auf dem Scheiterhaufen.

Zeus versetzte Herkules unter die Sterne. Das Bild ist eine der ältesten Konstellationen. Eine Darstellung aus dem Jahr 3500 vor Christus zeigt bereits eine kniende Männergestalt.

# Jungfrau

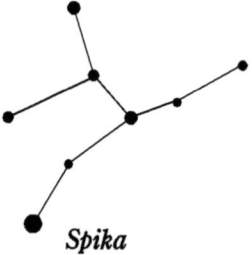

*Spika*

Persephone war ein außergewöhnlich schönes Mädchen und der ganze Stolz ihrer Mutter Demeter. Das blieb auch Hades nicht verborgen, dem Gott der Unterwelt. Er setzte sich in den Kopf, Persephone zur Frau zu nehmen. Demeter aber wollte ihr Töchterlein ganz und gar nicht mit einem solch finsteren Gesellen verheiratet wissen. Auf dem heiligen Boden Siziliens, so dachte Demeter, wäre Persephone in Sicherheit. Doch die Fruchtbarkeitsgöttin hatte ihre Rechnung ohne Hades gemacht. Eines Tages, als das Mädchen auf einer Wiese Blumen pflückte, tat sich die Erde auf. Der Gott der Unterwelt erschien mit einem prächtigen Vierspänner, packte Persephone und verschwand mit ihr in sein geheimnisvolles Reich.

Demeter merkte bald, daß irgend etwas nicht stimmte. Nachdem sie am Ätna Fakkeln entzündet hatte, machte sie sich auf, um nach der Tochter zu suchen. Ihre tiefe Trauer ließ die Felder unfruchtbar werden. Nach mehr als einer Woche rastlosen Umherstreifens durch die ganze Welt fragte sie den Sonnengott. Der erzählte Demeter, was sich zugetragen hatte. Die Göttin erfuhr außerdem, daß ihre Tochter in der Unterwelt vom Samen des Granatapfels gegessen hatte – damit konnte es für sie kein Zurück mehr geben. Demeter war außer sich. In ihrer Not wandte sie sich an Zeus, Persephones Vater. Zähe Verhandlungen begannen. Schließlich einigte man sich auf einen Kompromiß: Danach sollte Persephone jeweils die Hälfte des Jahres bei ihrer Mutter, die restlichen sechs Monate bei ihrem Mann verbringen. Zeus versetzte seine Tochter an das Firmament. Das Sternbild Jungfrau gilt in fast allen Kulturen als Symbol der Fruchtbarkeit. Die Babylonier sahen in der Konstellation eine Kornähre. In alten Karten symbolisiert sie den hellsten Stern der Jungfrau. Er trägt den Namen Spika, die lateinische Bezeichnung für Kornähre.

# Kleiner Hund

*Gomeisa*

*Prokyon*

Zur Zeit des Königs Pandion lebte in Attika der fleißige Bauer Ikarios. Eines Tages kam der Gott Dionysos zu ihm und bat um Unterschlupf. Gerne gewährte Ikarios die Gastfreundschaft. Als Dank weihte Dionysos den Landmann in die Kunst des Weinbaus ein. Ikarios erwies sich als gelehriger Schüler. Nach der ersten Lese füllte er das köstliche Getränk in Ziegenhäute und fuhr über Land. Überall ließ er die Menschen von seinem Wein probieren – auch die Hirten, denen er begegnete. Damit nahm das Unheil seinen Lauf. Die Hirten tranken einen über den Durst und glaubten, Ikarios wollte sie vergiften. Im Rausch brachten sie den Weinbauern um. Als Ikarios von seiner Reise nicht zurückkehrte, machten sich seine Tochter Erigone und ihr Hund Maira auf, ihn zu suchen. Nach Tagen fand Maira den Leichnam des Ikarios. Aus Kummer erhängte sich Erigone.

Als die Mörder des Bauern sahen, was sie angerichtet hatten, flohen sie auf die Insel Keos vor der attischen Küste. Nicht nur die Ruchlosen traf dort eine fürchterliche göttliche Rache: Sengende Hitze verbrannte das Land, Epidemien und Hungersnot suchten das ganze Volk heim. In seiner Not flehte König Aristaios den Zeus um Hilfe an. Der schickte einen Wind, der vierzig Tage lang wehte und das Land kühlte. Außerdem riet der Gott Apollon, Vater des Aristaios, jährlich ein Fest zu Ehren von Ikarios und Erigone zu begehen. Und der treue Hund Maira wurde als Sternbild Kleiner Hund ans Firmament versetzt.

Mit bloßem Auge erkennt der Beobachter nur zwei Sterne dieser Konstellation: Prokyon und Gomeisa. Der hell strahlende Prokyon ist etwa elf Lichtjahre von der Erde entfernt. Große Fernrohre enthüllen einen schwach leuchtenden Begleitstern, der Prokyon einmal in 41 Jahren umkreist. Er gehört zu den sogenannten Weißen Zwergen – ist also eine ausgebrannte Sonne. In ihr ist die Materie so dicht gepackt, daß ein Fingerhut voll auf der Erde tausend Tonnen wiegen würde.

# Krebs

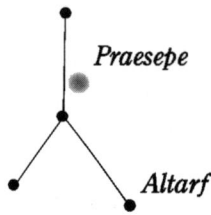

*Praesepe*

*Altarf*

Herkules war wieder mal in Schwierig-keiten. In den Sümpfen von Lerna rang er mit der Wasserschlange Hydra. Nach langem Kampf schien er das vielköpfige Ungeheuer zu besiegen. Das jedoch wollte Hera, die Gattin des Zeus, unter allen Umständen verhindern: Schließlich war Herkules einem Techtelmechtel ihres Mannes mit der schönen Alkmene entsprungen.

So schickte Hera der Hydra einen großen Krebs zu Hilfe, der Herkules in den Fuß zwickte. Doch der wackere Held verstand keinen Spaß und zertrat das lästige Vieh. Auch Hydra brachte er dank seines Wagenlenkers Iolaos zur Strecke. Hera blieb nur noch, die Getöteten an den Himmel zu versetzen.

So kurz der Auftritt des Krebses war, so schwach leuchten seine Sterne. Wer das Bild sehen will, muß von einem dunklen Platz aus beobachten und eine Nacht ohne störendes Mondlicht abwarten. Der Krebs gehört zum Tierkreis. Die Sonne wandert vom 20. Juli bis zum 10. August durch diese Konstellation.

Vor Jahrhunderten erreichte unser Tagesgestirn auf seiner Jahresbahn im Krebs die höchste Stellung. Daher sprechen wir noch heute vom »Wendekreis des Krebses«. In dem unscheinbaren Bild finden wir bei idealen Bedingungen ein zartes Wölkchen; dahinter verbirgt sich der offene Sternhaufen Praesepe (Krippe).

# Leier

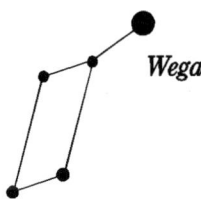

*Wega*

Gegen Morgengrauen kam in einer Höhle im Kylleneberg ein Baby zur Welt. Bereits wenige Stunden nach seiner Geburt kletterte der Säugling aus seiner Wiege und krabbelte ins Freie, um die Welt zu erkunden. Das erste Lebewesen, auf das er traf, war eine Schildkröte. Er packte das Tier, zerrte es in seine Grotte und tötete es. Dann zerteilte er den Panzer, spannte sieben Saiten aus Schafsdarm über den Rückenschild und begann sogleich, auf der eben erfundenen Leier zu klimpern.

Hermes, so hieß der brutale Lausbub, war natürlich kein gewöhnliches Kind. Er hatte göttliche Eltern: Zeus und Maia, eine der Plejaden. Der aufgeweckte Bengel sollte noch allerhand Verwirrung stiften. Nach einem seiner Schelmenstücke schenkte er seinem Halbbruder Apollon, dessen Kuhherde er entführt hatte, die Leier zur Versöhnung. Dieser vermachte sie schließlich Orpheus. Nach dessen tragischem Ende – er wurde von den Mänaden, den Begleiterinnen des Gottes Dionysos, buchstäblich zerrissen und ins Meer geworfen – wurde die Leier ans Firmament versetzt.

Der kleine Rhombus zählt zu den auffälligsten Konstellationen am Sommerhimmel. Die 26 Lichtjahre entfernte Wega strahlt sehr hell in bläulich-weißem Farbton. Die Babylonier nannten sie Dilgan, »Botschafter des Lichts«.

# Löwe

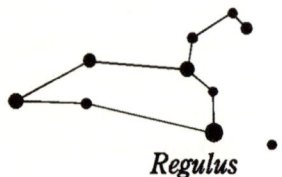

*Regulus*

**S**ein Fell war hart wie Stahl, seine Krallen bestanden aus Diamanten. In seinem Revier auf der südgriechischen Halbinsel Peloponnes herrschte er mit unerbittlicher Strenge.

Der Löwe von Nemea galt als schreckliches Monster. Auch Eurystheus, König von Argos, hatte von dem Untier gehört und nutzte es für seine Pläne: Am Hof lebte seinerzeit Herkules, der durch eine Intrige um die rechtmäßige Thronfolge gebracht worden war. Um den hochwohlgeborenen Sklaven zu beschäftigen, vor allem aber, um ihn loszuwerden, dachte sich der König zwölf »todsichere« Aufgaben für ihn aus – so jedenfalls will es eine Version der vielen Mythen, die sich um Herkules ranken. Als erstes sollte er den furchtbaren Löwen zur Strecke bringen.

Der Held reiste also nach Nemea, pirschte sich an die »Höhle des Löwen« heran und wartete vor dem Eingang. Als das Tier angesprungen kam, machte Herkules kurzen Prozeß und erwürgte es mit bloßen Händen. Als Beweis für seine Tat zog der Großwildjäger seiner Beute das Fell ab.

Der Löwe, von der Mondgöttin Selene geboren, kehrte wieder an den Himmel zurück, und dort steht er noch heute. Die Figur gehört zu den markanten Bildern. Es fällt im Gegensatz zu manch anderen nicht schwer, darin eine Gestalt (warum nicht einen Löwen?) zu erkennen.

# Orion

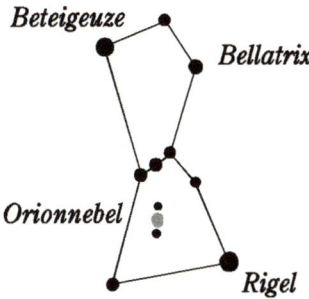

Orion war Playboy durch und durch. Der Sohn des Meeresgottes Poseidon und der Euryale, Tochter des kretischen Königs Minos, galt als der größte und schönste aller Männer. Sein Vater verlieh ihm die Fähigkeit, über das Wasser zu gehen. Weil Orion sonst nichts zu tun hatte, verlegte er sich aufs Jagen. Mit seiner unzerbrechlichen Bronzekeule durchstreifte er die Wälder, um wilde Tiere zu erlegen.

Seine Beutezüge führten ihn eines Tages auch auf die Insel Chios. Dort traf er die schöne Merope und warb um sie – ohne Erfolg. Aus Frust betrank er sich und wurde zudringlich. Als ihn Merope abwies, verlor er die Beherrschung und versuchte, sie zu vergewaltigen. Am nächsten Morgen erfuhr Oinopion, Meropes Vater, von der schändlichen Tat. Er ließ Orion gefangennehmen, blendete ihn und verbannte ihn von seiner Insel. Orion irrte ziellos umher und erreichte schließlich die Schmiede des Hephaistos auf der Insel Lemnos. Der hatte Mitleid mit dem Geblendeten und gab ihm seinen Diener Kedalion als Führer mit. Auf Orions Schultern sitzend, leitete Kedalion ihn nach Osten. Als die Sonne aufging, trafen ihre Strahlen die blinden Augen des Orion und machten sie sehend.

Doch dieser hatte nichts gelernt. Sogleich verdrehte er Eos, der Göttin der Morgenröte, den Kopf. Damit zog er sich den Zorn der Jagdgöttin Artemis zu. Voller Wut tötete die Schwester des Apollon den Lebemann mit einem Pfeil.

Aus gut informierten Kreisen verlautet aber auch, daß Orion den Angriff überlebt und sich in Artemis verliebt habe. Dieses Tête-à-tête paßte wiederum den anderen Göttern nicht. Hades schickte einen Skorpion, der den mächtigen Jäger in den rechten Fuß stach. Orion hauchte sein Leben aus. Zeus versetzte ihn zusammen mit seinen beiden Hunden an den Himmel. Dort steht er noch heute und schwingt seine Keule.

Der Schürzenjäger gehört zu den bekanntesten Akteuren im »Sternentheater«. Seine Figur mit den drei Gürtel- und den beiden Schultersternen Beteigeuze und Bellatrix sowie dem hellen Rigel am linken Fuß fallen jedem Anfänger sofort auf. Der Orion ist eines der ältesten Sternbilder. Schon Homer und Hesiod berichten im 8. Jahrhundert vor Christus von ihm. Die alten Ägypter brachten die Konstellation mit den Göttern Horus und Osiris in Verbindung.

## Pegasus

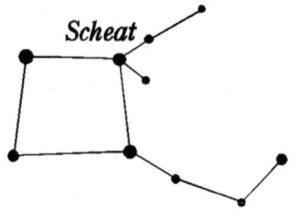

Medusa, eine der drei Gorgonen, war eine Schönheit. Viele Freier warben vergeblich um sie. Einzig Poseidon, Gott der Meere, hatte eine Chance. Er verführte die junge Frau im Tempel der Athene – und besiegelte damit ihr Schicksal, denn Athene wollte die Schändung ihres Heiligtums nicht hinnehmen. Sie verwandelte Medusa in ein schreckliches Ungeheuer: Schlangen züngelten fortan auf ihrem Kopf, ihr Blick ließ jeden, den er traf, zu Stein erstarren. Mit ihren Schwestern mußte Medusa ein Dasein am Rand der Welt fristen.

Als viele Jahre später Perseus das Ungeheuer überlistete und ihm das Haupt abschlug, entsprang dem Körper das geflügelte Pferd Pegasus (griech. Pegasos). Sogleich erhob es sich in die Lüfte und flog zum Berg Helikon. Dort trat es mit dem Huf ins Gestein, worauf die Quelle Hippokrene zu sprudeln begann, aus der sich die Dichter Inspiration holten. Eines Tages, als Pegasus an der Quelle von Peirene trank, näherte sich ihm Bellerophon. Mit einem goldenen Zaumzeug zähmte der Sohn des Königs Glaukos das widerspenstige Pferd und machte sich mit ihm auf, die feuerspeiende

Chimaira zu erledigen. Wild entschlossen stürzten sich Bellerophon und Pegasus auf das Wesen, das ganz Lykien in Atem hielt. Mit einem gezielten Stich ins Herz machte der Held dem Untier den Garaus.

Ob dieses Sieges wollte Bellerophon den Himmel stürmen. Er gab Pegasus die Spo-ren. Sein Ziel: der Olymp. Das aber gefiel den Göttern gar nicht. Pegasus warf den übermütigen Reiter ab und stieg allein zum Olymp auf. Dort nahm sich Göttervater Zeus des ungestümen Flügelrosses an. Es mußte für ihn den Keulenwagen ziehen und wurde zum Dank ans Firmament versetzt.

## Perseus

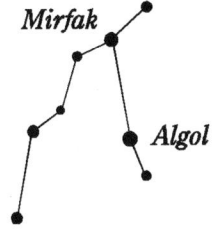

**Mirfak**

**Algol**

König Akrisios von Argos wurde Schlimmes prophezeit: Er sollte eines Tages von seinem Enkel getötet werden. Um diesem Fluch zu entgehen, sperrte er seine Tochter Danaë kurzerhand in einen schwerbewachten Kerker. Danaë war sehr schön, und Zeus hatte längst ein Auge auf sie geworfen. Für einen Göttervater sind dicke Mauern kein Hindernis, so besuchte Zeus seine Auserwählte in Gestalt eines Regens aus Gold. Zum Entsetzen ihres Vaters gebar Danaë einen Sohn, den sie Perseus taufte. Da packte Akrisios den Säugling und seine Tochter in eine hölzerne Kiste und setzte sie auf dem Meer aus. Tage-lang schaukelten die beiden über die Wogen, bis sie an den Gestaden der Insel Seriphos strandeten.

Dort fand ein Mann namens Diktys die Erschöpften und nahm sie bei sich auf. Der Gastgeber war der Bruder des Königs Poly-dektes, der sich in Danaë verliebte. Das paß-te dem mittlerweile zum Mann herange-wachsenen Perseus überhaupt nicht. Um den renitenten Sohn loszuwerden, schmie-dete der König einen Plan: Perseus sollte ihm das Haupt der Medusa bringen, eine von drei Schwestern, die an den Hängen des Berges Atlas hausten. Durch seinen Vater hatte der Held einen guten Draht zu den Göttern. Sie statteten ihn mit Bronzeschild, Diamantschwert, Tarnkappe und geflügelten Sandalen aus. Diese Ausrüstung konnte Perseus gut gebrauchen, denn Medusa war ein Monster: Schlangen züngelten auf ihrem Haupt, und ihr Blick ließ jeden, den er traf, zu Stein erstarren.

Perseus gelangte schließlich zu ihrem Lager. Er näherte sich der Schlafenden mit dem Rücken, im Schild ihr Spiegelbild. Mit einem Hieb schlug er Medusa den Kopf ab, aus dem das geflügelte Pferd Pegasus entsprang.

Perseus verstaute die Beute, schwang sich auf seinen Sandalen in die Lüfte – und kam gerade recht, um Andromeda zu retten. Ihr Vater Kepheus, König von Äthiopien, hatte sie an einen Felsvorsprung über dem Meer schmieden lassen. Dort sollte sie einem Meeresungeheuer geopfert werden, um den Fluch, der über dem Land lag, aufzuheben. Perseus stürzte herab, befreite Andromeda und nahm sie mit auf die Insel Seriphos.

Mit dem Haupt der Medusa versteinerte er den Tyrannen Polydektes und setzte dessen Bruder Diktys als König ein. Perseus und Andromeda heirateten und hatten vier Kinder. Geschichte mit Happy-End? Nicht ganz. In einem sportlichen Wettkampf schleuderte Perseus einen Diskus und traf damit versehentlich seinen Großvater Akrisios. Der sank zu Boden und starb – die Prohezeiung hatte sich erfüllt.

# Schwan

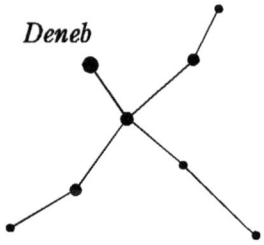

*Deneb*

Zeus war wieder einmal in einer amourösen Affäre unterwegs, hatte er doch ein Auge auf die Nymphe Nemesis geworfen. So begab er sich in die Tiefen des Okeanos und warb bei ihrer Mutter Nyx, Göttin der Nacht, um die schöne Jungfrau. Doch Nyx willigte nicht ein. Immer lauter stritt sie mit Zeus. Nemesis nutzte den Disput, hüllte sich in den Mantel der Nacht und entschwand in Gestalt eines Fisches.

Der Göttervater aber ließ sich nicht täuschen. Auch er nahm Fischgestalt an und verfolgte Nemesis durch das Wasser. Sie floh über Land, wobei sie sich in verschiedene Tiere verwandelte. Zeus blieb Nemesis dicht auf den Fersen. Das arme Mädchen wußte schließlich keinen Rat mehr und verwandelte sich in eine Wildgans.

Der Obergott ließ sich davon keineswegs abschrecken. Flugs wurde er zu einem prächtigen Schwan mit weiten Schwingen. Nemesis hatte keine Chance: Zeus holte sie ein und vergewaltigte sie. Nemesis legte ein Ei. Ein Hirte fand es im Wald und übergab es der Königin Leda von Sparta. Aus dem Ei schlüpfte die schöne Helena – um die später der Trojanische Krieg entbrennen sollte. Zur Erinnerung an die Untat des Zeus wurde der Schwan ans Firmament versetzt.

Das Sternbild ist ein gutes Beispiel dafür, wie viele unterschiedliche Mythen sich um die himmlischen Konstellationen ranken. Daher sollen einige kurz wiedergegeben werden. In der Geschichte, die Hygin erzählt, verwandelt sich Nemesis nicht in Tiere. Zeus dagegen ist in die Gestalt eines Schwans geschlüpft und tut so, als würde er von einem Adler verfolgt. Nemesis gewährt ihm Unterschlupf, was der göttliche Schwan weidlich ausnutzt. In der »Schnellversion« hat es Zeus gar nicht auf Nemesis abgesehen, sondern auf Leda, die Königin von Sparta. Die verführt er am Ufer des Flusses Eurotas. In der Antike und seit der Renaissance wird diese Szene (»Leda mit dem Schwan«) häufig dargestellt. Leda soll übrigens nicht nur Helena, sondern auch deren Schwester Klytämnestra sowie Kastor und Pollux geboren haben.

Und dann gibt es noch eine Geschichte, in der Zeus gar keine Rolle spielt. Vielmehr ist der Schwan der beste Freund von Phaë-ton, dem Sohn des Sonnengottes. Der war mit dem väterlichen Sonnenwagen tödlich verunglückt, und sein Freund trauerte sehr um ihn. Zum Trost durfte er mit weit ausgebreiteten Schwingen als Schwan über das Sternenzelt fliegen. Der Himmel erzählt viele Sagen!

## Steinbock

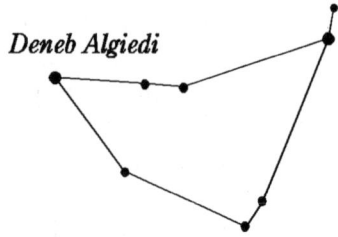

*Deneb Algiedi*

Die Giganten bliesen zum Sturm auf den Olymp. Typhon, ein hundertköpfiges Ungeheuer, war einer der Anführer. Die Götter flohen vor den Riesen, die mit ihren Schlangenleibern wahrlich ekelerregend aussahen, und nahmen auf Anraten des Hirtengotts Pan die Gestalt von Tieren an. Zeus wurde zum Leithammel, Apollon zum Raben; Pan selbst sprang in den Fluß und verwandelte den unteren Teil seines Körpers in einen Fisch. Schließlich entschloß sich Zeus doch zum Kampf mit Typhon. Zunächst zog der Obergott den kürzeren. Der Riese riß ihm die Sehnen aus Händen und Füßen und verschwand. Aber Pan und sein Kollege Hermes flickten den Geschundenen wieder zusammen. Der nahm sofort die Verfolgung seines Widersachers auf, schleuderte Blitze und tötete ihn am Ende. Zeus begrub das Monster unter dem Vulkan Ätna. Dort liegt Typhon noch heute – und stößt gelegentlich Rauchwolken gegen den Himmel. Aus Dankbarkeit darüber, daß Pan die Ehre der Götter gerettet hatte, versetzte ihn Zeus als Steinbock unter die Sterne.

Die Sage der Griechen aus grauer Vorzeit bringt die Figur also mit einem amphibischen Wesen in Verbindung. Die Sumerer und Babylonier sahen darin ebenfalls ein seltsames Geschöpf – halb Fisch, halb Zie-ge. Die Römer haben diesen »Ziegenfisch« in Steinbock (lat. *capricornus*) umbenannt.

# Stier

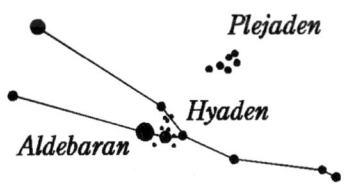

Der weiße Stier hatte mächtige Halsmuskeln, seine Hörner waren durchsichtig wie ein heller Edelstein. Friedlich trabte er zur Küste Phöniziens, dorthin, wo die Königstochter Europa und ihre Freundinnen zu spielen pflegten. Die Mädchen hatten keine Angst. Europa pflückte Blumen und hielt sie dem Tier ans Maul. Bald ließ sich der zutrauliche Stier von ihr kraulen und Kränze um die Hörner schlingen. Schließlich kletterte Europa auf den Rücken des Stiers.

Der trottete jetzt langsam zum Ufer, watete durchs seichte Wasser und begann schließlich zu schwimmen. Europa rief um Hilfe, aber der mächtige Körper des Stiers durchpflügte bereits das offene Meer.

Zeus' List hatte wieder einmal funktioniert – denn kein anderer als der griechische Göttervater selbst war in Tiergestalt geschlüpft, um die schöne Europa zu entführen. Nach zwei Tagen kamen der Stier und seine süße Last an die Gestade Kretas. Göttervater Zeus verwandelte sich in einen Jüngling und nahm Europa zur Geliebten. Sie brachte Rhadamanthys und Minos zur Welt, der als König von Kreta berühmt wurde.

Der Stier gehört zu den auffälligen Konstellationen, nicht zuletzt wegen des hellen orangerot leuchtenden Aldebaran. Den Griechen erschien der Stern nach seinem Aufgang über dem Meer wegen der horizontnahen Lufttrübung tiefrot. Daher sahen sie in ihm das blutunterlaufene Auge des Stiers, der Europa durch Poseidons Reich trägt. In dem Sternbild lag von 4000 bis 1700 vor Christus der Frühlingspunkt, der Ort am Himmel also, an dem die Sonne jedes Jahr um den 21. März steht. Darüber hinaus werten die Plejaden und die Hyaden das Bild auf. Beide gehören sie zur Klasse der offenen Sternhaufen und stellen keine eigenen Konstellationen dar. Die Plejaden sind die sieben Töchter des Atlas, denen Orion nachstellte. Auch die Hyaden – fünf Schwestern – sollen Atlas zum Vater haben. Sie säugten Dionysos in seiner Höhle und wurden zum Dank als »Regengestirn« an den Himmel versetzt.

## Wassermann

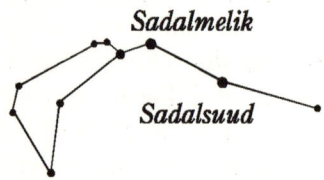

Im ehernen Zeitalter herrschten rohe Sitten. Die Menschen betrogen, mordeten und lehnten sich gegen die Götter auf. Zeus sah dem Treiben nicht lange zu: Er schickte eine gewaltige Sintflut, um die Ungehorsamen zu bestrafen. Wolkenbrüche stürzten vom Himmel, Flüsse traten über die Ufer und spülten Häuser und Tiere fort. Die Fluten ertränkten alle Menschen – bis auf Deukalion, den Sohn des Prometheus, und seine Gattin Pyrrha. Beide hatten gottergeben gelebt und waren rechtzeitig gewarnt worden. In einem hölzernen Schiff entkamen sie der Katastrophe. Als das Wasser allmählich zurückging, strandeten sie am Berg Parnaß.

Die Erde war jedoch wüst und leer. In ihrer Verzweiflung wandten sich Deukalion und Pyrrha an das Orakel der Themis: »Werft die Gebeine der großen Mutter hinter euch«, lautete der geheimnisvolle Spruch. Das letzte Menschenpaar verstand die Botschaft. Die »große Mutter« mußte die Erde, ihre »Gebeine« konnten nur die Steine sein. Tatsächlich verwandelten sich die von Deukalion geschleuderten Brocken in Männer, die von Pyrrha weggeworfenen in Frauen. So wurden die beiden zu den Stammeltern eines neuen Geschlechts.

Allerdings stand es bei den Griechen um die Emanzipation nicht sehr gut: Nur Deukalion bekam einen Platz am Himmel, wo er als Wassermann fortlebt.

Die Konstellation spielte nicht nur vor Tausenden von Jahren eine Rolle. Moderne Sterndeuter beschwören heute das Zeitalter des Wassermanns, dem auch das Lied »The Age of Aquarius« aus dem Musical ›Hair‹ gewidmet ist. Was bedeutet das? Der sogenannte Frühlingspunkt, der Ort, an dem die Sonne um den 21. März am Firmament steht, liegt derzeit im Bild der Fische. In etwa 600 Jahren wird der Frühlingspunkt in den Wassermann weitergerückt sein; dann soll für die Menschheit eine neue Ära anbrechen. Wer den Wassermann am Firmament aufspüren will, braucht eine klare Nacht ohne Streulicht. Die Sterne sind schwach, selbst die Hauptsterne Sadalmelik und Sadalsuud springen nicht gerade ins Auge.

## Wasserschlange

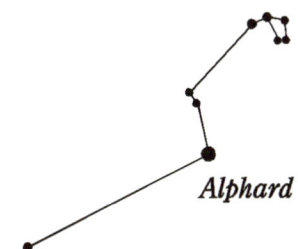

Alphard

so befahl schließlich König Eurystheus, solle dem Monster den Garaus machen. Gemeinsam mit seinem Neffen Iolaos zog der Held los, um wieder mal eine seiner Aufgaben zu erledigen. Pallas Athene, die Göttin der Weisheit, verriet den beiden die Höhle, in der Hydra hauste. Herkules schlich sich an und schoß brennende Pfeile durch die Felsspalte. Sogleich erschien das neunköpfige Wesen, aus dessen gierigen Mündern giftiger Atem drang. Herkules stürzte sich darauf und begann, mit wuchtigen Schwerthieben die Köpfe abzuschlagen. Doch wo Herkules einen Kopf abhieb, wuchsen aus

Hydra, ein schreckliches Ungeheuer, lebte in den Sümpfen nahe der Stadt Lerna. Viele Menschen und Tiere der Umgebung hatte es bei seinen Raubzügen schon getötet. Das Volk war verzweifelt. Herkules, der blutenden Wunde sogleich zwei neue nach. In seiner Not rief der wackere Kämpfer nach Iolaos. Der sollte ein Feuer entfachen und ihm brennende Äste bringen. Damit stocherte er in den Halsstümpfen der Hydra herum. Und tatsächlich: Keiner der Köpfe sproß mehr nach. Als Herkules schon beinahe gesiegt hatte, tauchte ein Krebs auf und kniff ihn in den Fuß. Doch der Held zertrat das Tier und tötete auch noch die Hydra. Ebenso wie Herkules und der Krebs wurde auch sie ans Firmament versetzt.

Wasserschlange heißt das Sternbild bei uns, es ist die größte aller 88 Konstellationen. Der Kopf liegt südwestlich von Regulus im Löwen, die Schwanzspitze zwischen den Bildern Waage und Zentaur. Die Wasserschlange enthält überwiegend sehr lichtschwache Sterne; daher ist auf der Karte nur ein Teil der Figur eingezeichnet. Der hellste Stern am »Knick« des Leibes heißt Alphard. Der Name ist gut gewählt, bedeutet er doch soviel wie »der Einsame« – das bloße Auge findet in seiner Umgebung kein anderes helles Lichtpünktchen.

# Widder

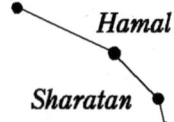

Hamal

Sharatan

aus erster Ehe, Phrixos und Helle, erlebten unter ihrer Stiefmutter die Hölle. Eines Tages entschloß sich Ino sogar, die beiden zu töten. Sie ließ zunächst mit magischen Kräften das Getreide verdörren. Als das Land unter großer Hungersnot litt, schickte König Athamas einen Boten nach Delphi, um das Orakel um Rat zu bitten. Doch Ino hatte den Boten bestochen.

Nach seiner Rückkehr mußte er verkünden, daß einzig der Opfertod von Phrixos und seiner Schwester Helle das Land retten

Mit der Ehe von König Athamas und Nephele klappte es nicht so recht. Schließlich verstieß Athamas seine Gemahlin und heiratete die Prinzessin Ino. Damit nahm das Unglück seinen Lauf. Die Kinder könne. Nach langem Zögern bestieg der König mit seinen Kindern den Berg Laphystios. Als sie schon am Altar standen, griff ihre leibliche Mutter Nephele ein. Sie sandte einen geflügelten Widder mit goldenem Fell vom Himmel. Die Geschwister kletterten auf den Rücken des Tieres, das sie durch die Lüfte trug.

Über der Meerenge zwischen Europa und Asien verlor Helle den Halt. Sie stürzte in die Tiefe und ertrank. Seither heißt diese Stelle Hellespont. Phrixos landete unversehrt auf Kolchis. Dort opferte er den Widder dem Zeus, der ihn unter die Sterne versetzte. Um das goldene Vlies entspinnt sich die Argonauten-Sage.

Der Widder gehört zu den zwölf Bildern des Tierkreises. Die Sonne wandert heute vom 18. April bis zum 13. Mai durch die Konstellation. Zur Zeit des antiken Griechenlands lag der Frühlingspunkt in diesem Bild, der Schnittpunkt zwischen Himmelsäquator und Jahresbahn der Sonne (Ekliptik). In ihm steht das Tagesgestirn zu Frühlingsanfang (Tag-und-Nachtgleiche). Am winterlichen Firmament sehen wir den Widder am späten Abend im Süden. Um die ganze Figur zu erkennen, braucht man viel Phantasie und eine klare Nacht. Nur die beiden hellen Sterne Hamal (arab. Lamm) und Sharatan (arab. Zweifaches) fallen deutlich ins Auge.

# Zwillinge

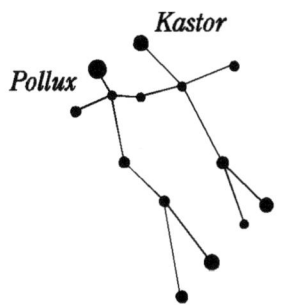

Kastor

Pollux

Zwillinge als Halbbrüder? Die Mythologie macht's möglich! Leda hatte dem Spartanerkönig Tyndareos mehrere Kinder geboren, darunter die Zwillinge Kastor und Pollux (griech. Polydeukes). Aber Helden und Heroen der griechischen Sagenwelt scheren sich wenig um die Gesetze der Biologie. Denn Pollux, so berichten manche

Autoren, hatte nicht Tyndareos, sondern Zeus zum Vater. Als Göttersohn war er unsterblich – im Gegensatz zu Kastor. Die Zwillinge selbst jedenfalls kannten keinen Klassenunterschied. Sie waren unzertrennlich, gemeinsam nahmen sie an der Argonautenfahrt teil. Dabei hat Pollux den Amykos, einen Sohn des Poseidon, im Boxkampf besiegt. Auch sonst bestanden die Zwillinge viele Abenteuer.

Ihr letztes war der Kampf mit den Brüdern Idas und Lynkeus, deren Verlobten von Kastor und Pollux frech entführt wurden. Idas und Lynkeus verfolgten sie und stellten sie zum Kampf. Lynkeus stürzte sich auf Kastor und durchbohrte ihn mit dem Schwert. Tödlich getroffen, sank er zu Boden. Pollux bat Zeus, seinen Halbbruder ausnahmsweise in den Olymp aufzunehmen. So weit wollte der Göttervater aber nicht gehen. Schließlich einigte man sich darauf, daß Pollux und Kastor jeweils einen Tag im Himmel, den anderen im Hades verbringen dürfen. Die »Aufenthaltsgenehmigung« am abendlichen Firmament dauert allerdings das gesamte Winterhalbjahr. Dann kann man die Zwillinge zwischen den Bildern Fuhrmann und Kleiner Hund bewundern. An der Spitze der Figur funkeln die Hauptsterne Kastor und Pollux.

Vor Jahrhunderten glaubten die Seefahrer, daß sich die Zwillinge bei Stürmen als Elmsfeuer auf den Schiffen zeigten. Nach dem römischen Schriftsteller Plinius dem Älteren sollen sie »ein gutes Gelingen der Reise« bedeuten. Der Ursprung dieses Glaubens liegt wohl in der Argonauten-Sage. Denn als das Schiff Argo in Seenot geriet, sollen Kastor und Pollux die Besatzung, der sie ja selbst angehörten, gerettet haben.

# Ein Panoptikum des Universums

# Zur Einstimmung: Auf den Spuren der Schöpfung

Die Menschen der Neuzeit haben den Himmel entzaubert. Rote Riesen, Weiße Zwerge und Schwarze Löcher regieren an Stelle von Göttern, Helden und Ungeheuern am Firmament. Geblieben ist das Bestreben, zu erfahren, woher wir kommen und wohin wir gehen. Die Anworten auf diese Fragen sind eng verwoben mit Religion, mit dem Glauben an ein Wesen oder eine Macht außerhalb der wahrnehmbaren Realität. So hat jede Kultur ihren eigenen Schöpfungsmythos geschaffen.

Vor einigen Jahrhunderten begann der Mensch den Schleier zu lüften, der den gestirnten Himmel über ihm verhüllte. Er tat dies mit Hilfe von mathematischen Gesetzen und zunehmend auch durch praktische Beobachtung. Erst seit ein paar Jahrzehnten sind wir in der Lage, das Universum und seine Entwicklung wenigstens grob zu überblicken. Die Schöpfungsgeschichte der Naturwissenschaft zu Beginn des 21. Jahrhunderts hört sich etwa so an:

Vor 15 Milliarden Jahren werden Raum und Zeit geboren. Entstanden aus einer zufälligen Fluktuation im Quantenvakuum, einem Punkt im Nichts, dehnt sich das Universum aus. Es gleicht einer Suppe aus Materie, Antimaterie, Lichtteilchen und starker Strahlung. Seit dem Urknall sind $10^{-43}$ Sekunden (auf 42 Nullen nach dem Komma folgt die Ziffer eins) vergangen. In ebenfalls unvorstellbar kurzer Zeit bläht sich der Kosmos einen Augenblick später von der Größe eines Atomkerns zu der einer Orange auf. Danach verläuft seine Expansion gleichmäßig.

Eine Sekunde nach dem Urknall beginnen Protonen und Neutronen aneinander festzukleben, die Atomkerne von Wasserstoff und Helium entstehen. 300 000 Jahre vergehen, bis die Atomkerne Elektronen einfangen und sich auf diese Weise Wasserstoff- und Heliumatome bilden können. Das Universum wird transparent. Die Lichtteilchen schwärmen als Botschafter der heißen Geburt in alle Richtungen aus.

Zehn Milliarden Jahre sind seit dem Urknall vergangen. Längst treiben im unvorstellbar weiten Ozean des Alls Materie-Inseln aus Milliarden Sternen sowie interstellaren Gas- und Staubwolken. In einer dieser Galaxien schält sich im Zentrum eines langsam rotierenden Nebels ein Stern heraus. In der diskusförmigen Scheibe, die den heißen Gasball umgibt, verklumpt die Materie zu Planeten. Einer davon umkreist diese Sonne im Abstand von etwa 150 Millionen Kilometern.

Die Oberfläche der Kugel gleicht einem brodelnden Inferno aus glühendem Gestein. Brocken aus dem All prasseln nieder und kneten den zähflüssigen Brei durch. Äonen fließen dahin, bis sich die Kruste verfestigt. Immer noch speien gewaltige Vulkane Lava. Gase und Wasserdampf entsteigen dem feurigen Schlund der Erde und umhüllen den Planeten. Schließlich ergießt sich aus den Wolken sintflutartiger Regen, das Wasser füllt Becken und Vertiefungen in der Kruste. Meere entstehen.

Irgendwann, etwa elf Milliarden Jahre nach der Geburt des Universums, taucht in den Urgewässern etwas völlig Neues, geradezu Unerhörtes auf: Leben. Sein Ursprung liegt wohl für immer im Dunkel der Erdgeschichte. Seine ersten Spuren finden sich heute in Meeresablagerungen, es sind Archäen und einfache Bakterien.

Eine Milliarde Jahre vergehen. Cyanobakterien bevölkern jetzt die Urozeane. Diese Lebewesen gleichen chemischen Fabriken. Sie verstehen sich auf die Photosynthese – die Kunst, Sauerstoff zu produzieren. Die Atmosphäre reichert sich mit diesem wertvollen Stoff an. So bereiten die Cyanobakterien den fruchtbaren Boden, auf dem das Leben weiter gedeihen kann.

14 Milliarden Jahre nach dem Urknall beginnt auf dem Planeten Erde die Entwicklung von Pflanzen und Tieren. Der Weg verläuft keineswegs geradlinig. Im Lauf der Erdgeschichte sind mehr Arten ausgestorben, als heute existieren. Mindestens fünf Katastrophen globalen Ausmaßes erschüttern das Leben.

Zum Beispiel rottet ein Massensterben rund 245 Millionen Jahre vor unserer Zeit neunzig Prozent aller Tierarten aus. Und vor 65 Millionen Jahren schlägt den Sauriern die letzte Stunde; aller Wahrscheinlichkeit nach haben ihnen – ohnehin schon am Ende ihrer Entwicklung – der Einschlag eines vielleicht zehn Kilometer großen kosmischen Brockens und der damit verbundene arktische Winter auf der Erdoberfläche den Rest gegeben. Nach diesem letzten großen Einschnitt sprießt das Leben aufs neue.

Kleine mausähnliche Wesen haben überlebt. Sie gelten als Urahnen der Säugetiere und damit auch von uns Menschen. Unser Vorfahr durchstreift vor sieben Millionen Jahren die Wälder Afrikas, wo auch vor zirka 1,6 Millionen Jahren der Urmensch vom Typ *homo erectus* ins Licht der Erdgeschichte tritt. Und 100 000 Jahre vor unserer Zeitrechnung lebt in Afrika eine Gattung des *homo sapiens*, die sich nach Europa und Asien ausbreitet. 100 000 Jahre – das bedeutet einen Wimpernschlag im Leben des Universums (0,0007 Prozent!), aber einen gewaltigen Sprung in der Entwicklung des Menschen.

Nach Ablauf dieser Zeit schickt er sich an, das Universum zu erkunden und damit zu den eigenen Wurzeln vorzustoßen. Als Sumerer und Babylonier, Ägypter und Griechen zum Himmel schauen, wähnen sie sich im Mittelpunkt des Kosmos. Die Lehre des Aristoteles (384 – 322 vor Christus) bedient diesen menschlichen Egoismus: Sonne, Mond und die in der Antike bekannten Planeten Merkur, Venus, Mars, Jupiter und Saturn, ja, sogar die Fixsterne, umkreisen danach die feststehende Erde.

Nahezu 2000 Jahre lang hält sich dieses geozentrische Weltbild. Dann rückt ein Geistlicher namens Nikolaus Kopernikus (1473 – 1543) die Sonne ins Zentrum und degradiert die Wohnstatt des Menschen zu einem gewöhnlichen Planeten. Johannes Kepler (1571 – 1630), Galileo Galilei (1564 bis 1642) und Isaac Newton (1643 – 1727) vollenden den Plan des heliozentrischen Weltgebäudes. Die Himmelskörper sind berechenbar geworden. Was aber verbirgt sich hinter ihnen? Woraus bestehen die Plane-

ten? Woher stammt die gewaltige Energiemenge der Sonne? Noch im Jahr 1859 schreibt der Berliner Physiker Heinrich Dove: »Was die Sterne sind, wissen wir nicht und werden wir nie wissen.«

Kurze Zeit nach dieser kühnen Behauptung lesen die Astronomen im zerlegten Sternenlicht wie Detektive in Fingerabdrücken. Ebenso wie die Sonne entpuppen sich die Sterne als heiße Gaskugeln. Der englische Astronom Arthur Eddington (1882 – 1944) untersucht die Zusammenhänge zwischen Masse, Leuchtkraft und Temperatur der Sterne. Auf der Basis dieser Zustandsgrößen beschreibt er deren Aufbau. Eddington vermutet, daß sich die Energiequellen von Sonne und Sternen nur durch die Gesetze der Atomphysik erklären lassen. Ende der dreißiger Jahre finden Hans Bethe (geboren 1906) und Carl Friedrich von Weizsäcker (geboren 1912) tatsächlich den Schlüssel zum stellaren Fusionsreaktor: die Umwandlung von Wasserstoff in Helium.

Damals hatten die Forscher längst ein anderes Problem gelöst und dadurch die »Weltinsel-Debatte« entschieden: Im Jahr 1924 bewies Edwin Hubble (1889 – 1953) mit dem 2,5-Meter-Spiegelteleskop auf dem Mount Wilson im US-Bundesstaat Kalifornien, daß der Andromeda-Nebel eine eigenständige Spiralgalaxie wie die unsere ist. Damit verlor unser Milchstraßensystem seine beherrschende Stellung im Universum. Wiederum waren der Mensch und seine Heimat aus dem Herzen des Kosmos vertrieben worden, und die Erde spielte lediglich die Rolle eines unbedeutenden Staubkorns in den Tiefen des Alls. Im Jahr 1929 entdeckte Hubble einen Zusammenhang zwischen der Fluchtgeschwindigkeit der Galaxien und ihren Entfernungen. Mehr noch: Der gesamte Weltraum expandierte. Jetzt war die Zeit reif, um über Bau und Entwicklung des Kosmos nachzudenken. Mit seiner Allgemeinen Relativitätstheorie lieferte Albert Einstein (1879 – 1955) das mathematische Handwerkszeug. Die Idee vom Anfang des Universums aus einer unvorstellbar kleinen, heißen und dichten »Singularität« entstand. Damit war die Urknall-Theorie geboren.

In der zweiten Hälfte des 20. Jahrhunderts verdichtete sich das Netz der Indizien für diesen von den meisten Wissenschaftlern favorisierten astronomischen Schöpfungsmythos. Zwei Physiker entdeckten 1964 zufällig eine Strahlung, die den Kosmos gleichmäßig durchdringt. Theoretiker hatten dieses Echo des Urknalls vorausgesagt. Zu Beginn der neunziger Jahre registrierte das Satelliten-Observatorium »Cobe« in der Hintergrundstrahlung winzige Kräuselungen, hinter denen Dichteschwankungen im jungen Universum stecken. Durch die geheimnisvolle Dunkle Materie verstärkt, aus der bis zu neunzig Prozent des Alls besteht, mögen sich diese Wirbel zu Saatkörnern für Galaxienhaufen ausgewachsen haben. Sie durchziehen das Universum wie die Blasen eines Schaumbads. Im Jahr 1998 fanden Forscher Hinweise auf eine Kraft, die den Kosmos für alle Ewigkeit auseinandertreibt.

Die Menschen haben den Himmel entzaubert, aber die Faszination ist geblieben. Denken wir nur an das Szenario von der weiteren Entwicklung unserer Sonne: In fünf Milliarden Jahren wird sie sich zu einem Roten Riesen aufblähen und die Erde verschlucken, danach ihre Gashülle in den Raum blasen und zu einem erdgroßen, sehr dichtgepackten Weißen Zwerg mutieren. Oder erst die Schwarzen Löcher, jene Schwerkraftfallen, die sogar das Licht verschlucken! Ist das nicht mindestens ebenso spannend wie beste Science-fiction? Im folgenden Abschnitt werden wir manche erstaunlichen Objekte kennenlernen. Die Reise beginnt auf der Erde und führt weiter durch das Planetensystem hinaus in die Welt der Sterne.

# Wenn Sterngucker schwarz sehen

Heute funkeln die Sterne so schön, da muß das Beobachten doch eine wahre Freude sein. Dieser Satz, von Laien auf Volkssternwarten häufig ausgesprochen, bringt die Astronomen zur Verzweiflung. Wissen sie doch, daß es an diesem Abend garantiert nichts wird mit dem himmlischen Vergnügen. Aber was will der Sterngucker denn noch außer einem klaren, dunklen Firmament? Eine ruhige Durchsicht! Denn eine wabernde und wallende Atmosphäre verwandelt die Sternpünktchen in breite Lichtkleckse und verschmiert feinste Details bei der Mond- oder Planetenbeobachtung.

Szintillation nennen die Fachleute dieses Phänomen. Ursache sind Luftturbulenzen, die das Licht aus dem Kosmos im wahrsten Sinne durcheinandermischen. Die Luftunruhe verstärkt sich mit wachsender Öffnung des Fernrohrs und mit zunehmender Vergrößerung. Besonders betroffen sind professionelle Geräte mit mehreren Metern Spiegeldurchmesser. Um dem ungünstigen »Seeing« halbwegs zu entfliehen, bauen die Astronomen ihre Observatorien auf die Gipfel hoher Berge in abgelegenen Gegenden der Erde.

Aber selbst dort ist die Atmosphäre niemals so ruhig, daß die Teleskope ihr theoretisches Auflösungsvermögen erreichen. Daher tricksen die Techniker die Natur aus. »Adaptive Optik« heißt das Zauberwort. Ein Sensor mißt die ankommenden, durch die Luftunruhe unterschiedlich stark deformierten Wellenfronten. Der Computer verarbeitet die Daten und gibt sie in Echtzeit an ein System mechanischer Stößel weiter, die mehrmals pro Sekunde die Spiegel an den richtigen Stellen verformen und damit den Wellensalat glätten. Ein derartiges System soll zum Beispiel an den Acht-Meter-Spiegeln des Very Large Telescope der Europäischen Südsternwarte in Chile zum Einsatz kommen.

# Zeit ist relativ

Das klassische Chronometer der Astronomen hat einen Durchmesser von rund 12 800 Kilometern. Es ist die Erde. Der Lauf dieses kosmischen Uhrwerks bietet einen natürlichen Zeitmesser. Unser Leben richtet sich nach dem mittleren Sonnentag. Er dauert 24 Stunden. Die Sache hat nur einen Haken: Diese mittlere Sonne, die sich mit konstanter Geschwindigkeit über den Himmelsäquator bewegt, gibt es gar nicht.

Die Erdachse ist gegenüber der Umlaufebene geneigt; außerdem wandert unser Planet im Januar schneller um die Sonne als im Juli, weil er ihr im Winter näher steht und nach dem Zweiten Keplerschen Gesetz dann die Bahngeschwindigkeit höher ist. Dies alles spiegelt sich als Gangungenauigkeit der wahren Sonne wider. So schwankt die Länge des wahren Sonnentags: Eine einfache Sonnenuhr geht meist vor oder nach, und zwar jeweils bis zu einer Viertelstunde. Nur viermal im Jahr läuft sie exakt. Der 15. April ist so ein Tag. Da steht die wahre Sonne um 12 Uhr mittags genau im Süden. Dennoch werden Münchner oder Kölner, die das mit ihrer Armbanduhr kontrollieren wollen, zu ganz anderen Ergebnissen kommen. Denn jeder Ort auf dem Globus hat seine eigene Zeit: die Ortszeit. Sie ist für alle Punkte entlang eines Längengrades identisch. So liegt Deutschland zwischen dem sechsten und dem 15. Längengrad. Der Differenz von einem Grad entspricht ein Zeitunterschied von vier Minuten. Im Jahr 1884 wurde beschlossen, weltweit 24 Zeitzonen zu schaffen; jede umfaßt 15 Längengrade. Nullpunkt ist der Meridian von Greenwich in England. Überschreiten wir eine »Zonengrenze« von Ost nach West, müssen wir die Uhr um eine Stunde zurück-, von West nach Ost um eine Stunde vorstellen. Die für Deutschland gültige Mitteleuropäische Zeit (MEZ) bezieht sich auf den 15. Längengrad; auf ihm liegt Görlitz. Wenn unsere Uhr 12:00 zeigt, ist es nach Münchner Ortszeit erst 11:46, nach Kölner Ortszeit 11:28 Uhr.

# Die Kreuzung in den Fischen

Haben Sie an einem warmen Tag Mitte März schon Frühlingsgefühle?

Ja? Dann sind Sie zu früh dran – astronomisch gesehen jedenfalls. Denn die wärmere Jahreszeit beginnt erst um den 21. März, wenn die Sonne auf der Ekliptik den Himmelsäquator überquert und auf die Nordhalbkugel des Firmaments wechselt. Was bedeutet das? Was verbirgt sich hinter den Bezeichnungen Himmelsäquator und Ekliptik? Diese imaginären Linien sind der Schlüssel zum Verständnis der Jahreszeiten.

Unser Globus steht scheinbar im Zentrum einer größeren Kugel, der Himmelssphäre. Nun verlängern wir in Gedanken die Erdachse über Nord- und Südpol hinaus, bis sie auf diese Kugel stößt. Ebenso projizieren wir den Äquator. Auf diese Weise haben wir die Erd- in Himmelspole verwandelt und den Erd- in den Himmelsäquator. Dieser geht genau im Osten auf und im Westen unter. Im Süden erreicht er seine höchste Stellung. Sie entspricht neunzig Grad minus der geographischen Breite des jeweiligen Beobachtungsorts. In München (das auf etwa 48 Grad nördlicher Breite liegt) erhebt sich der natürlich unsichtbare Himmelsäquator also um maximal 42 Grad über dem Südhorizont.

Nun kommt die Sonne ins Spiel. Die Erde umrundet sie in einer Zeit, die als Jahr definiert ist. Immerhin dreißig Kilometer legt unser Planet auf seiner Bahn in jeder Sekunde zurück. Dieser »Dauerlauf« spiegelt sich als Wanderung der Sonne am Firmament wider. Das Tagesgestirn verschiebt sich täglich um etwa ein Grad nach Osten. Die Marschroute ist genau vorgezeichnet. Sie heißt Ekliptik und führt durch die zwölf Tierkreissternbilder. Die Umlaufebene der Erde um die Sonne ist um rund 23,5 Grad gegen die Äquatorebene geneigt. Würde unser Planet nicht schief liegen, gäbe es keine Jahreszeiten, weil Himmelsäquator und Ekliptik zusammenfielen.

So stehen sie im Winkel von 23,5 Grad zueinander und schneiden sich lediglich an zwei Stellen: dem Frühlings- und dem Herbstpunkt. Die Sonne passiert auf ihrer Jahresreise zweimal diese beiden imaginären »Kreuzungen«: eben um den 21. März (Frühlingsanfang) und 23. September (Herbstanfang). Steht die Sonne am höchsten, beginnt auf der Nordhalbkugel der

Sommer (etwa 21. Juni); erreicht sie ihren Tiefstpunkt, ist Winteranfang (etwa 22. Dezember). Der Frühlingspunkt liegt derzeit im Sternbild Fische. Vor 2000 Jahren befand er sich in der Konstellation Widder. Noch heute spricht man daher vom Widderpunkt.

## Stöbern mit dem Fernglas

Wer das Weltall erkunden möchte, benötigt nicht unbedingt eine teure Ausrüstung mit großem Teleskop. Bereits ein Fernglas öffnet den Himmel. Dabei sollte es dem Beobachter nicht so sehr um die Vergrößerung gehen, sondern um die Lichtstärke. Zwar holt auch ein Fernglas den Mond heran, doch Einzelheiten wie kleine Krater oder schmale Furchen auf seiner Oberfläche lassen sich am besten mit dem Fernrohr studieren. Bei Betrachtung von flächenhaften Objekten wie offene Sternhaufen oder Gasnebel bieten Ferngläser nicht zuletzt wegen ihres großen Gesichtsfelds erstaunliche Einblicke.

Vergrößerung, Lichtstärke, Gesichtsfeld – was hat es damit auf sich? Am Gehäuse der meisten Ferngläser finden wir einen optischen Steckbrief, zum Beispiel 10 x 50. Demnach vergrößert das Instrument zehnfach und besitzt einen Objektivdurchmesser von fünfzig Millimetern. Die an die Dunkelheit angepaßte Pupille unseres Auges mißt maximal sieben Millimeter. Nach einem physikalischen Gesetz sammelt das beschriebene Fernglas ungefähr die fünfzigfache Lichtmenge wie das bloße Auge und zeigt entsprechend schwache Sternchen.

Um noch etwas über die Lichtstärke herauszufinden, teilen wir Objektivdurchmesser durch Vergrößerung und setzen das Ergebnis ins Quadrat. Bei unserem Musterfernglas erhalten wir 25. Dieser Wert weist das Instrument als für astronomische Beobachtungen gut geeignet aus. Die weit verbreiteten 8 x 30-Feldstecher bringen es im Vergleich dazu nur auf 14; trotzdem macht das Stöbern am Firmament selbst mit ihnen Spaß.

Achten sollten wir darüber hinaus auf das Gesichtsfeld. Dessen Größe wird meist in Grad angegeben und besagt, welchen Ausschnitt einer irdischen oder himmlischen Landschaft wir mit dem Instrument gerade noch überblicken können. Finden wir auf dem Gehäuse beispielsweise die Gravur 8,5 Grad (Weitwinkel), hätten in dem »Panoramafenster« ins All 17 nebeneinander aufgereihte Vollmondscheiben Platz. Mit diesem Feldstecher erscheinen die Milchstraße oder der Schweif eines hellen Kometen besonders eindrucksvoll. Und noch ein Tip: Die Sternguckerei aus der freien Hand ist eine ermüdende und zittrige Angelegenheit. Ein höhenverstellbares stabiles Stativ steigert den Genuß erheblich.

## Das Kometenfrettchen

Die Ära des Sonnenkönigs war längst passé. Intrigen regierten am französischen Hof; Ludwig XV. kümmerte sich vor allem um seine Mätressen, Marquise de Pompadour und Madame Dubarry. Der zerrüttete Staat scherte ihn wenig. Zu dieser Zeit wuchs ein Mann auf, der Wissenschaftsgeschichte geschrieben hat. Jeder Berufsastronom und jeder Hobbysterngucker kennt ihn, sein Vermächtnis ist im wahrsten Sinne am Himmel verankert: Charles Messier.

Er kam 1730 in Lothringen zur Welt. Mit 21 Jahren ging er an das Observatorium von Joseph N. Delisle nach Paris. Messier stieg bald zum »Chefobservator« auf und widmete sich den Kometen.

Sein Leben entbehrte nicht einer gewissen Tragikomik. So mühte er sich eineinhalb Jahre lang ab, den Halleyschen Kometen aufzuspüren, dessen Wiederkehr die Sternforscher 1758/59 erwarteten. Die Suche basierte auf Bahnberechnungen von Delisle – und die waren falsch. Immerhin wurde Charles Messier am 21. Januar 1759 doch noch fündig. Aber da war ihm bereits der sächsische Bauernastronom Johann Georg Palitzsch zuvorgekommen.

Im November 1781 ging Messier im Park von Monçeau spazieren und stürzte dabei sieben Meter tief in einen Eiskeller, weil er ein offenstehendes Tor für den Eingang zu einer Grotte gehalten hatte. Das »Kometenfrettchen«, wie ihn Ludwig XV. nannte, erlitt dabei schwere Verletzungen, wurde aber glücklicherweise rasch gefunden und ins Hospital geschafft. Ein Jahr später ist er wieder auf dem Damm und setzt seine Arbeit an der Sternwarte mit gewohntem Eifer fort. Im Jahr 1817 stirbt Charles Messier im Alter von 87 Jahren.

Während seines langen Lebens hat er 21 Kometen aufgespürt (15 davon neu entdeckt) und ein Verzeichnis mit rund hundert Himmelsobjekten erarbeitet. Dieser »Messier-Katalog« machte seinen Urheber berühmt. Das Werk entstand als Nebenprodukt der Kometensuche, denn Galaxien, Kugelhaufen, offene Sternhaufen oder diffuse Gaswolken sehen im Feldstecher oder in kleinen Fernrohren bei schwacher Vergrößerung einem fernen Kometen ähnlich. Um Verwechslungen auszuschließen, zeichnete Messier die genauen Positionen der »Störenfriede« auf und versah sie mit Nummern. Alle Messier-Objekte sind von der nördlichen Halbkugel aus im Fernglas oder Amateurteleskop zu sehen, einige davon wie die Andromeda-Galaxie (M 31) oder die Plejaden (M 45) schon mit bloßem Auge.

## Vom Gesangsstar zur Forscherin

Ihr Vater nahm sie in klaren Nächten oft an der Hand und zeigte ihr den Sternenhimmel. Das sollte Karoline Herschel prägen. Am 16. März 1750 in Hannover geboren, wuchs sie in einem kunstsinnigen Elternhaus auf. Der Vater war Militärmusiker und begeisterter Hobby-Astronom. Zwar erschien im 18. Jahrhundert eine naturwissenschaftliche Karriere für eine Frau unmöglich, daß Karoline Herschel ihr Leben dennoch den Gestirnen verschrieb, hatte sie ihrem Bruder Wilhelm zu verdanken. Der war zu Beginn des Siebenjährigen Krieges nach England geflohen und verdingte sich als Musiker und Notenschreiber. Schließlich erhielt er im Badeort Bath eine Stelle als Organist. Wenige Jahre später holte er seine Schwester zu sich, um sie als Sängerin auszubilden. Schnell erlangte sie eine gewisse Berühmtheit und erhielt mehrere Angebote, doch sie wollte nur unter Stabführung ihres Bruders auftreten.

Wilhelm Herschel hatte die Leidenschaft seines Vaters für die Astronomie geerbt. Er begann, Teleskope zu bauen und Spiegel zu schleifen – tatkräftig unterstützt von Karoline. Immer mehr ließen sich die beiden von den Sternen verzaubern, die Musik trat zunehmend in den Hintergrund. Am Abend des 13. März 1781 entdeckte Wilhelm den Planeten Uranus. Über die Grenzen Englands berühmt geworden, widmete er sich fortan ganz der Erforschung des Firmaments.

Karoline gab ihre Gesangskarriere auf, um dem Bruder bei seinen Beobachtungen zu helfen. Am 20. August 1782 begann sie, »alle bemerkenswerten Erscheinungen« aufzuzeichnen. Allein in den Jahren von 1786 bis 1797 fand sie acht Kometen. Sie spürte 14 neue Nebel auf und bearbeitete den Sternenkatalog des englischen Hofastronomen John Flamsteed. Nach dem Tod Wilhelm Herschels 1822 ging Karoline zurück in ihre alte Heimat. In Hannover hoch geehrt, starb sie fast 98jährig am 9. Januar 1848.

## Der Satellit Hipparchos

Vor mehr als 2100 Jahren hat Hipparchos den Himmel vermessen. Der griechische Gelehrte erstellte einen Katalog mit den Positionen von mehreren hundert Sternen. Seit Hipparchos sind die Forscher bestrebt, das Firmament möglichst genau zu kartographieren.

Die Astrometrie, so heißt diese wissenschaftliche Disziplin, ist ein kompliziertes Geschäft. Denn die Fixsterne sind ständig in Bewegung. Mit hoher Geschwindigkeit rasen sie durch die Weiten des Weltalls, was sich wegen der großen Entfernung mit bloßem Auge erst im Laufe von Jahrtausenden erkennen läßt. Außerdem spiegeln sie die jährliche Bahn der Erde um die Sonne als rhythmischen Tanz wider. Die »Ausfallschritte« sind winzig. Erst im 19. Jahrhundert verstanden es die Astronomen, das Universum zu vermessen.

Friedrich Wilhelm Bessel gelang 1838 die erste Entfernungsbestimmung eines Sterns. Dazu ermittelte er die sogenannte trigonometrische Parallaxe. Das Prinzip ist einfach. Vor dem Hintergrund einer Wand springt der Daumen hin und her, wenn wir ihn abwechselnd mit dem linken und dem rechten Auge anvisieren. In ähnlicher Weise wandert ein Stern im Laufe eines Jahres, wenn wir als Basis den Erdbahnhalbmesser wählen. Die Ortsverschiebung des Sterns ist dabei ein Maß für dessen Entfernung.

Dabei gilt: je kleiner die Parallaxe, desto größer die Distanz. Solche trigonometrischen Parallaxen sind minimal und nur mit aufwendiger Technik meßbar. Sie reichen lediglich für relativ nahe Sterne bis zu einer Distanz von etwa 300 Lichtjahren.

Wer die Wanderung der Fixsterne verfolgt, erfährt viel über das Universum. Wer aber exakt messen will, darf nicht auf der Erde bleiben. Die ständig wabernde Atmosphäre setzt präzisen Beobachtungen trotz der »adaptiven Optik« eine natürliche Grenze.

Daher schickten die Wissenschaftler im Jahr 1989 »Hipparcos« auf die Reise. Der Astrometrie-Satellit sollte von hoher Warte jenseits der störenden Luftschichten den Himmel unter die Lupe nehmen. Wegen eines defekten Motors erreichte der unbemannte Späher jedoch nicht die richtige Umlaufbahn. Das Unternehmen drohte zu scheitern. Nach mühevoller Tüftelei entlockten die Fachleute »Hipparcos« trotzdem wertvolle Daten.

Jetzt haben Großrechner die Millionen zur Erde gefunkten Bits zu einer kosmischen Landkarte zusammengefügt. Der Hipparcos-Katalog enthält 118 000 Sterne, deren Positionen auf ein Millionstel Grad genau sind. Zusätzlich brachten die Experten den sogenannten Tycho-Katalog heraus, der noch einmal nicht ganz so exakte Daten von gut einer Million Sternen auflistet – ein wertvoller Fundus für Astronomen.

## Licht auf schiefer Bahn

Am 8. März 1919 brechen von England aus zwei Expeditionen auf. Die eine führt auf die Insel Principe vor der Küste Spanisch-Guineas, die andere in die Stadt Sobral in Nordbrasilien. Im Gepäck haben die Astronomen Fernrohre, Kameras und Fotoplatten. Ihre Aufgabe: die Beobachtung der totalen Sonnenfinsternis am 29. Mai. Ihr Ziel: die Bestätigung eines neuen physikalischen Weltbildes.

Vier Jahre zuvor hatte Einstein in seiner Allgemeinen Relativitätstheorie behauptet, daß Raum und Zeit miteinander verwoben sind. Ja, daß Zeit die vierte Dimension ist und Masse den Raum regelrecht verbiegt, vergleichbar mit einem Schlafenden, der durch sein Gewicht eine Matratze »eindellt«. Wie aber läßt sich dieser Effekt im Universum nachweisen?

Einstein zufolge sollen Lichtstrahlen ferner Sterne von ihrer Bahn abgelenkt werden, sobald sie auf ihrem Weg dicht an der Sonne (Masse) vorbeiziehen. Die Forscher müssen zu diesem Zeitpunkt nur die Sternposition bestimmen und sie mit dem ungestörten Ort am Himmel vergleichen. Die dabei auftretende Abweichung ist um so größer, je näher der Stern dem Sonnenrand steht.

Soweit die Theorie. In der Praxis sind derartige Messungen schwierig, weil die Verschiebung minimal ist. Abgesehen davon überstrahlt unser Tagesgestirn das schwache Licht der Sterne – außer bei einer totalen Sonnenfinsternis. So zogen die Wissenschaftler im März 1919 los, um die Gelegenheit zu nutzen. Am Tag der Finsternis begann es auf Principe heftig zu regnen. Gegen Mittag, kurz bevor sich der Neumond vor die Sonne schob, riß die Wolkendecke auf.

Von den 16 Fotos waren allerdings nur zwei brauchbar. Dennoch zeigte sich auf ihnen ganz klar das von Einstein vorausgesagte Phänomen.

Der Expedition in Sobral gelangen acht Aufnahmen, ebenfalls mit scheinbar überzeugendem Ergebnis. Heute wissen wir jedoch, daß die Meßfehler damals größer waren als die gemessenen Effekte selbst. An der Richtigkeit der Relativitätstheorie ändert dies freilich nichts. Ihre Voraussagen sind mittlerweile durch eine Reihe von anderen Beobachtungen bis ins kleinste Detail bestätigt worden.

# Das Weihnachtsrätsel

Und »siehe, der Stern, den sie im Morgenland gesehen hatten, zog vor ihnen her, bis er schließlich über dem Ort stehenblieb, wo das Kind war.« Beschreibt Matthäus in seinem Evangelium ein Wunder? Ist alles nur Legende? Oder hat es sich so zugetragen vor 2000 Jahren im Morgenland, als die drei Weisen zu ihrer Reise aufbrachen? Zu allen Zeiten haben Astrologen und Astronomen versucht, das Geheimnis des Sterns von Bethlehem zu ergründen. Vorausgesetzt, Matthäus hat ein reales Himmelsschauspiel beschrieben, gibt es drei Erklärungen: ein Komet, das Aufblitzen einer fernen Sonne (Nova, Supernova) oder eine besondere Planetenkonstellation.

Beliebt bei Malern und Krippenbauern sind seit Jahrhunderten die Schweifsterne – jene schmutzigen Eisberge aus den Tiefen des Sonnensystems, die bei ihrem Vorbeiflug an der Erde bisweilen prächtig leuchten wie zuletzt Hale-Bopp im Frühjahr 1997. Berühmt ist das Fresko von Giotto di Bondone in der Arena-Kapelle zu Padua. Das Gestirn über dem Stall ist der Halleysche Komet. Dessen Erscheinen 1301 hatte den Künstler offenbar stark beeindruckt.

Tatsächlich haben die Chinesen fünf vor Christus einen Kometen beobachtet. Manche Fachleute lesen aus einer alten chinesischen Chronik aber noch etwas anderes heraus. Im März dieses Jahres soll am Firmament ein neuer Stern aufgetaucht sein und zehn Wochen lang geleuchtet haben.

Hinter einer solchen Nova stecken zwei Sonnen, die sich gegenseitig umkreisen. Während die eine zu einem gigantischen Roten Riesen angewachsen ist, hat sich die andere bereits in einen erdgroßen, sehr massereichen Weißen Zwerg verwandelt. Der Kleine saugt von dem Großen Materie ab, die sich auf seiner Oberfläche ansammelt. Wenn der Sternenstoff eine extrem hohe Dichte und Temperatur erreicht, explodiert er wie eine Wasserstoffbombe. Der Stern leuchtet als Nova auf. Die Astronomen kennen aber noch ein anderes Szenario mit noch mehr Naturgewalt. Wenn die Energiequelle eines schwergewichtigen Sterns versiegt, bläht er sich zunächst zu einem Roten Überriesen auf, um irgendwann sein Leben in einer gewaltigen Explosion auszuhauchen. Experten bezeichnen diesen »Gau« im All als Supernova.

Hat ein sterbender Stern die Geburt des Gottessohnes angekündigt? Um dies zu entscheiden, müßte dessen Geburtsdatum feststehen. Doch das ist unsicher. Nach dem Glauben mancher Wissenschaftler kam der historische Jesus nicht fünf, sondern schon sieben vor Christus auf die Welt. In diesem Jahr berichten die alten Quellen aber weder von einem Kometen noch von einer Nova oder Supernova. War der Weihnachtsstern am Ende gar ein Planet?

Besteigen wir eine Zeitmaschine. Das ist kein Problem. Geeignete Computerprogramme oder Planetarien lassen den Himmel zu jeder beliebigen Epoche aufschimmern. Von April bis Dezember des Jahres sieben vor Christus sehen wir, wie sich Jupiter und Saturn im Bild der Fische mehrfach »umtanzen«. Im November nähern sich die beiden Planeten einander bis auf weniger als zwei Vollmonddurchmesser. Der himmlische Reigen muß magisch gewirkt haben. Bei den babylonischen Astrologen – den »Heiligen Drei Königen« – galt Jupiter als höchste Gottheit, Saturn als Planet der Juden, und die Fische symbolisierten Palästina. Ob die Große Konjunktion die kosmische Detektivgeschichte löst?

## Der Beginn des 3. Jahrtausends

An Silvester 1999/2000 fiel das Feuerwerk prächtiger aus denn je. Zuvor waren die Medien wochenlang voll von Rückblicken auf das abgelaufene Jahrhundert und Jahrtausend gewesen, hatten Reise- und Partyveranstalter für die Zeitenwende geworben. Auf der ganzen Welt feierten die Menschen den Beginn des dritten Jahrtausends. Aber war der 1. Januar 2000 tatsächlich der erste Tag eines neuen Millenniums? Auch wenn die Jahreszahl mit der Zwei und den drei Nullen etwas Besonderes suggerieren mag: Er war es nicht, denn die Chronologie hat nun mal ihre unbestechlichen mathematischen Gesetze. Schon immer haben die Menschen nach einem Nullpunkt gesucht, mit dem sie ihre Zeitrechnung beginnen ließen. Die Römer beispielsweise zählten die Jahre seit Gründung der Stadt Rom (*ab urbe condita*).

In sehr vielen Kulturkreisen hat sich heute die Schreibweise »nach Christus« oder

»vor Christus« durchgesetzt. Weil das Jahr 0 aber nicht definiert ist (kein Mensch ist beispielsweise am 30. Juli 0 geboren), war das Jahr 1 nach Christus das erste Jahr unserer Zeitrechnung; es dauerte vom 1. Januar bis zum 31. Dezember 1, das Jahr 2 währte vom 1. Januar bis zum 31. Dezember 2. Wann ging das erste Jahrzehnt zu Ende? Die Antwort kann jeder an den Fingern abzählen: als zehn Jahre vergangen waren. Und hier liegt der Schlüssel zur Lösung. Zehn Jahre vollendeten sich erst am 31. Dezember 10. Das heißt: Das zweite Jahrzehnt begann am 1. Januar 11 und dauerte logischerweise bis zum 31. Dezember 20. Dies setzt sich natürlich fort.

Der erste Tag des zweiten Jahrhunderts war demnach der 1. Januar 201. Und das dritte Jahrtausend beginnt am 1. Januar 2001 – dann erst sind 2000 Jahre vorbei.

## Feuerzauber

Das Firmament glüht. Blaue Bögen, filigrane Lichtvorhänge mit rötlichem Saum und gezackte Strahlenbündel tanzen über dem Horizont.

»Aurora Borealis« – nördliche Morgendämmerung – taufte der französische Astronom Pierre Gassendi im Jahr 1621 diesen himmlischen Spuk. Noch heute fasziniert das Polarlicht den Beobachter. Wenngleich die Experten noch längst nicht alle Rätsel verstanden haben, wissen sie im Prinzip, was hinter den Leuchterscheinungen steckt. »Solar-terrestrische Beziehungen« nennen sie das komplizierte Wechselspiel zwischen dem Sonnenwind und der irdischen Atmosphäre. Unser Tagesgestirn bläst ständig elektrisch geladene Teilchen in den Weltraum. Das Magnetfeld der Erde ähnelt einer Fahne, die in diesem Wind flattert. Herrscht auf der Sonne stürmisches Wetter mit besonders vielen Eruptionen, stößt der Gasball Kaskaden von Partikeln aus. Mit Geschwindigkeiten zwischen 1500 und 2000 Kilometern pro Sekunde fegen sie durchs All. Nach durchschnittlich 26 Stunden erreichen sie unseren Planeten. Dann strudeln an den Magnetpolen auf spiralförmigen Bahnen scharenweise Elektronen in die Lufthülle. Dort kollidieren sie vor allem mit Sauerstoff- und Stickstoffatomen. Wie im Inneren einer Neonröhre verwandelt sich die Energie in Strahlung, der Himmel beginnt zu leuchten.

Der Polarlicht-Zauber spielt sich überwiegend in Höhen zwischen 80 und 120 Kilometern ab. Die meisten Aurorae zeigen sich in ringförmigen Zonen um die Magnetpole. Auf der Nordhalbkugel verläuft dieses Band an der Südspitze Grönlands, dem Nordkap, der Südküste Irlands sowie durch die nördlichsten Gebiete Sibiriens, Alaskas und Kanadas. In Mitteleuropa sind Polarlichter selten. Bei hoher Sonnenaktivität, wie sie die Astronomen in den nächsten Jahren erwarten, schleudert der Stern verstärkt Teilchenwolken durch das Planetensystem. Dadurch verschiebt sich die Sichtbarkeitszone in Richtung Äquator, und ein regelrechter Polarlichtsturm tritt auf – und kann Polizei und Feuerwehr beschäftigen wie jener am 6. April 2000. Damals begann sich am frühen Abend der nördliche Himmel über Deutschland rötlich zu verfärben, viele Menschen hielten das für den Schein eines Großbrandes und riefen bei der Feuerwehr an. Doch die »Flammen« züngelten gefahrlos in höheren Sphären.

## Das Kraftwerk

Das himmlische Kraftwerk erzeugt in jeder Sekunde soviel Energie, daß die Menschheit ihren Bedarf für eine Million Jahre decken könnte. Es liefert Licht und Wärme – und mehr Gesprächsstoff als jeder andere Himmelskörper.

Die Ägypter nannten das Gestirn Aton. Pharao Amenophis IV. machte es zum alleinigen Gott und gab sich selbst den Namen Echnaton, »dem Aton gefällig«. Was verbirgt sich hinter dem tief orangeroten Ball, der da am Abend friedlich über dem Horizont hängt? Die Sonne ist eine gigantische Gaskugel. Mehr als eine Million Erden hätten in ihr Platz. Tief im Inneren dieses Sterns arbeitet ein Fusionsreaktor. Bei Temperaturen um die 15 Millionen Grad wandelt er Wasserstoff in Helium um. Dabei entsteht die gesamte Energie, von der wir leben.

Die Sonne besitzt keine feste Oberfläche, dennoch erscheint ihr Rand scharf begrenzt, weil das sichtbare Licht aus einer lediglich 350 Kilometer dünnen Schicht stammt: der 5500 Grad heißen »Photosphäre«.

Wer sie mit dem Teleskop unter die Lupe nehmen will, muß mit äußerster Vorsicht zu Werke gehen, denn der ungeschützte Blick zur gleißend hellen Sonnenscheibe kann das Auge schwer schädigen, sogar zu Blindheit führen! Daher sollte man nur vom Fernrohrhersteller zugelassenes Zubehör verwenden. Am besten geeignet sind Objektivfilter. Gut bewährt hat sich auch eine Methode, bei der das Sonnenbild auf einen weißen Schirm hinter dem Okular projiziert wird.

Dem aufmerksamen Beobachter erscheint die Photosphäre nicht glatt wie die Oberfläche eines Luftballons, sondern von unzähligen »Reiskörnchen« überzogen. Fachleute bezeichnen sie als Granulen. Jedes ist etwa tausend Kilometer groß, hat eine Lebensdauer von fünf bis zehn Minuten und ist ein Zeichen dafür, daß es auf der Sonne ordentlich brodelt.

Auffälligstes Merkmal für die Aktivitäten des Tagesgestirns sind die Sonnenflecken: Gebiete, in denen der Energienachschub aus dem Inneren nicht so recht klappt, kühlen bis zu 1500 Grad ab und erscheinen im Kontrast zur ungestörten Photosphäre dunkel.

Die Zahl der Flecken variiert in einem elfjährigen Zyklus, dessen Ursachen die Experten noch nicht vollständig verstanden haben. Sicher spielen starke Magnetfelder eine Rolle. Spezielle Instrumente enthüllen Protuberanzen – gewaltige Feuerzungen, die bis zu einigen hunderttausend Kilometern Höhe ins All schießen. Die Sonne ist also keineswegs das ruhige Gestirn, für das sie viele Menschen halten.

# Die heiße Krone

Wer die Sonne durch eine Spezialbrille betrachtet, sieht eine Scheibe mit scharf begrenztem Rand. Bei Radiowellen oder im Röntgenlicht gleicht der Stern aber eher einem ungleichmäßig aufgeblasenen Ballon, dessen Oberfläche weit über die Photosphäre hinausragt. Während einer totalen Sonnenfinsternis, wie sie am Mittag des 11. August 1999 über Süddeutschland auftrat, sehen wir diese Korona schon mit bloßem Auge. Sie ist immer vorhanden, leuchtet jedoch eine Million Mal schwächer als die Photosphäre und wird daher von ihr überstrahlt.

Erst wenn der Neumond das Licht der Sonne raubt, taucht die Korona auf. Sie erstreckt sich weit ins All hinaus und besteht aus dünnem Gas, dessen Atomkerne die Elektronen verloren haben. Als Sonnenwind wehen diese Teilchen durch das Planetensystem und erzeugen in der irdischen Atmosphäre geheimnisvoll tanzende Polarlichter. Unser Planet kreist also in den Ausläufern der Sonnenhülle. Mit Temperaturen von rund zwei Millionen Grad ist die Korona viel heißer als die Photosphäre. Dieses Paradoxon erklären die Fachleute mit Magnetschleifen, die ständig aufbrechen. Stoßen sie mit anderen zusammen, wird Energie frei, die das Gas aufheizt.

Die Form der Korona ändert sich während des elfjährigen Zyklus der Sonnenaktivität. Ist der Stern friedlich, zeigen sich kurze Polarstrahlen mit ausladenden Flügeln um die Äquatorgegend. Im Maximum dagegen erscheint der solare Glorienschein gleichmäßig. Da die Sonne zum Zeitpunkt der totalen Finsternis am 11. August 1999 aktiv war, was sich auch an den Flecken in der Photosphäre zeigte, erschien die Korona den Beobachtern als mehr oder weniger runder Kranz mit ausgefranstem Rand.

# Der Erdbegleiter

Seit Urzeiten erhellt der Mond das irdische Firmament. Er hat Dichter inspiriert, und manche Menschen schreiben ihm gar eine magische Wirkung zu. Zwölf »Apollo«-Astronauten sind auf seiner Oberfläche im Känguruh-Schritt herumgehopst, 384 Kilogramm Gestein haben sie von ihren Exkursionen zurückgebracht. Dennoch wissen die Forscher immer noch sehr wenig über die Geburt des Himmelskörpers. Einer neueren Theorie zufolge soll er vor knapp viereinhalb Milliarden Jahren beim Zusammenstoß der noch jungen Erde mit einem anderen Planeten entstanden sein.

Der Mond – er besitzt einen Durchmesser von 3476 Kilometern – ist das uns nächstgelegene Stück Kosmos. Das Licht benötigt für die Reise zu ihm etwas mehr als eine Sekunde. Die mittlere Entfernung beträgt 384 400 Kilometer. Der Trabant besitzt praktisch keine Atmosphäre und präsentiert sich als heiß-kalte Welt: Im Schatten fällt die Temperatur auf minus 180 Grad, in der Sonne klettert sie auf Werte um plus 130 Grad. Aufgrund der gebundenen Rotation kehrt uns der Mond stets dieselbe Seite zu.

Im Lauf eines Monats zeigt er Phasen, die durch die wechselnde Beleuchtung während einer Erdumrundung entstehen.

Galileo Galilei hat den Mond als erster Astronom mit dem Teleskop beobachtet. In seinem 1610 erschienenen Büchlein ›Sidereus Nuncius‹ beschreibt er dessen Landschaft als »uneben, rauh und ganz mit Höhlungen und Schwellungen bedeckt, nicht anders als das Antlitz der Erde selbst«.

Viele Astronomen hielten den Mond tatsächlich für eine zweite Erde: Waren die hellen Gebiete nicht etwa ausgedehnte Landflächen, die dunklen Regionen mächtige Meere? Bis heute haben sich so poetische Namen wie »Ozean der Stürme« oder »Regenbogenbucht« erhalten. Dabei wissen wir längst, daß die Meere lavaüberflutete Becken sind. Wasser scheint es auf dem Mond nicht zu geben, wenngleich die vermeintliche Entdeckung von Eis durch die US-Raumsonde »Lunar Prospector« im Jahr 1998 für einige Aufregung in den Medien sorgte.

Wer mit Fernrohr oder Fernglas über die bizarre Landschaft aus Kratern, Bergen, Tälern, Rillen und Furchen spazieren möchte, wählt die Zeiten um das erste oder letzte Viertel. Nur dann erscheint die Oberfläche wegen des streifenden Lichteinfalls plastisch. Und noch ein Tip: Weil das Teleskop nicht nur den Mond näher heranholt, sondern auch die Luftunruhe verstärkt, sollte man es mit der Vergrößerung nicht übertreiben. Als Faustregel gilt: maximale Vergrößerung gleich doppelter Objektivdurchmesser des Fernrohrs in Millimeter.

## Wenn Luna sich in Aschgrau hüllt

Glänzt der Erdtrabant ein oder zwei Tage nach Neumond am westlichen Abendhimmel, sollten Sie einmal genau hinschauen. Dann werden Sie nicht nur die helle schmale Sichel sehen, sondern vielleicht sogar die gesamte in mattem Grau schimmernde Mondscheibe. Was aber hat es damit auf sich? Leonardo da Vinci gab als einer der ersten die richtige Erklärung für dieses »aschgraues Mondlicht« genannte Phänomen: Es ist Sonnenstrahlung, die die Erde nach allen Richtungen ins All reflektiert. Ein Astronaut, der während der Neumondphase auf der unserem Planeten zugewandten Mondseite steht, bestaunt am Himmel eine strahlend helle Vollerde, die sogar die Landschaft erhellt; 39 Prozent des Sonnenlichts wirft die blaue Kugel in den Weltraum zurück.

Von der Erde aus ist der Neumond natürlich unsichtbar, da er gemeinsam mit der Sonne am Taghimmel steht. Kurz vor oder nach Neumond hat er sich genügend weit von ihr gelöst. Die Erde beleuchtet aber immer noch seine Oberfläche – und die schimmert im »aschgrauen Mondlicht«. Das Fernglas zeigt dabei auf der dunklen Mondscheibe die großen Formationen (*terrae* und *maria*), wie wir sie auch bei Vollmond betrachten können. Mit wachsender Phase nimmt die Erscheinung ab. Ein Kalender mit eingezeichneten Mondphasen hilft Ihnen, die besten Beobachtungszeiten herauszufinden.

# Auf verschlungenen Pfaden

Mit mehr als doppelter Schallgeschwindigkeit fegte der Schattenkegel am 11. August 1999 über Süddeutschland hinweg. Für etwa zwei Minuten verlor die Sonne um die Mittagszeit ihren Glanz. Dabei blickten wir auf die kohlrabenschwarze Scheibe des Neumondes, der auf seiner Bahn vor unserem Tagesgestirn vorüberzog.

Zu dieser Zeit stand der Trabant in jener Ebene, die durch die Erdbewegung um die Sonne aufgespannt wird. Die Mondbahn ist gegenüber dieser Ekliptik um etwa fünf Grad geneigt. Wäre sie das nicht, gäbe es bei jedem Neumond eine Sonnenfinsternis. Die beiden Schnittpunkte zwischen Mondbahn und Ekliptik heißen Knoten. Sie sind natürlich nicht zu sehen und ziehen in etwa 18 Jahren einmal um das gesamte Firmament.

Der Erdtrabant wandelt auf einem elliptischen Pfad. Daher kann er sich uns bis auf 356 000 Kilometer nähern (Perigäum) oder bis zu 407 000 Kilometer (Apogäum) entfernen. Aufgrund dieses Distanzunterschiedes schwankt die Größe der Mondscheibe am irdischen Firmament. Weil eine volle Drehung des Mondes um seine Achse genauso lange dauert wie sein Erdumlauf, zeigt er uns stets dasselbe Gesicht. Dabei nickt er uns zu oder schüttelt den Kopf. Libration nennen die Fachleute dieses Phänomen. Ursachen sind die Neigung der Rotationsachse des Mondes gegenüber der Senkrechten auf seiner Bahnebene sowie seine stetig wechselnde Umlaufgeschwindigkeit. So können wir insgesamt 59 Prozent seiner Oberfläche überblicken. Die Mondbahn exakt zu berechnen zählt zu den schwierigsten Übungen der Himmelsmechanik.

Übrigens ist auch Monat nicht gleich Monat. Der siderische Monat umfaßt die Zeitspanne, in welcher der Mond zweimal am selben Fixstern vorbeizieht, und dauert 27 Tage, sieben Stunden und 43 Minuten. Der synodische Monat hingegen ist der Zeitraum zwischen zwei aufeinanderfolgenden Mondphasen – 29 Tage, zwölf Stunden und 44 Minuten. Er ist deshalb länger, weil Erde und Mond auf ihrer Bahn um die Sonne ständig weiterwandern und der Mond noch etwa zwei Tage braucht, um von der Erde aus gesehen wieder in derselben Phase zu erscheinen.

# Spiel mit Licht und Schatten

Welcher Schreck muß die Menschen früherer Zeiten ergriffen haben, als die strahlende, wärmende Sonne mitten am Tag aus heiterem Himmel ihren Glanz verlor, bis nur eine schwarze, von einem matten Schimmer umkränzte Scheibe übrigblieb. Von Westen raste eine dunkle Wand heran, und ein Wind erhob sich. Hatte »Gott das Land am hellen Tage finster werden lassen«, wie es der Prophet Amos im Alten Testament schreibt? Hatte eine höhere Macht zu den Menschen gesprochen?

Babylonier und Assyrer verfügten zwar über erstaunliche astronomische Kenntnisse und wußten, daß Sonnenfinsternisse nur bei Neumond eintreten können. Aber auch sie sahen in dem Naturschauspiel ein böses Vorzeichen, das den König das Leben kosten konnte – war doch der Sonnengott offenbar unzufrieden mit dessen Herrschaft. Als eine Art selbsterfüllende Prophezeiung mag der Tod von König Ludwig dem Frommen gewertet werden. Die Finsternis am 5. Mai 840 soll ihn so erschreckt haben, daß er sechs Wochen später starb. Noch im Jahr 1628 flüchtete sich Papst Urban VIII. in einen Raum, den der Magier und Mönch

Tomaso Campanella eingerichtet hatte, um der »schädlichen Wirkung« einer Sonnenfinsternis zu entgehen. Selbst im 20. Jahrhundert sehen Astrologen bei einer totalen Finsternis schwarz.

Das Drehbuch für das kosmische Schattentheater ist im Grunde einfach: Sonne, Erde und Neumond stehen auf einer Linie. In der Praxis müssen die drei Akteure einem diffizilen Spielplan folgen. Die Mondbahn ist gegenüber der Ebene, in der die Erde um die Sonne läuft, um etwa fünf Grad geneigt. Daher trifft der rund 400 000 Kilometer ins All ragende Mondschatten unseren Planeten nicht bei jedem Umlauf. Nur wenn der Trabant in oder nahe einem der beiden Bahnschnittpunkte (Knoten) steht, kann er die Sonne verfinstern: In jenen Regionen, die der etwa 14 000 Kilometer lange und maximal 270 Kilometer schmale Pinselstrich des Kernschattens überstreicht, erscheint die Sonne total bedeckt. Beobachter im Gebiet, das der bis zu 7000 Kilometer breite Halbschatten des Mondes bedeckt, sehen eine partielle Verdunkelung.

Weniger spektakulär, aber ästhetisch reizvoll ist eine totale Mondfinsternis. Der Vollmond zieht durch den gut eine Million Kilometer langen Erdschatten.

Damit die Show beginnen kann, muß wiederum die »Knotenbedingung« erfüllt sein, das heißt: Sonne, Erde und Mond müssen auf einer Linie stehen. Eine totale Mondfinsternis ist überall dort zu sehen, wo der Erdtrabant über dem Horizont steht. Im Gegensatz zur Sonne verschwindet der Mond dabei nicht völlig von der Bildfläche, sondern glimmt meist in kupferrotem Licht. Sonnenstrahlen, die die Erdatmosphäre in den Kernschatten hineinlenkt, beleuchten ihn. Wie dunkel die Finsternis ausfällt, hängt von der Trübung der irdischen Lufthülle ab. Eine totale Mondfinsternis kann knapp vier Stunden dauern; dagegen zeigt sich die schwarze Sonne höchstens für siebeneinhalb Minuten. Trifft der Mond den Schatten der Erde nicht voll, beobachten wir eine partielle Finsternis. Wandert der Erdbegleiter schließlich nur durch den Halbschatten, merken wir von einer Verdunkelung praktisch nichts.

## Der vergessene Mond

Im März 1846 überraschte der französische Astronom Fréderic Petit die Welt mit einer sensationellen Nachricht. Von der Sternwarte Toulouse aus wollte er einen zweiten Mond gesehen haben, der die Erde umkreist. Sofort begannen die Forscher danach zu suchen – vergeblich. Schließlich geriet die Entdeckung des Monsieur Petit wieder in Vergessenheit. Erst hundert Jahre später erinnerten sich die Astronomen an die Beobachtung. Theoretische Überlegungen zeigten, daß es durchaus einen zweiten Erdtrabanten auf einer stabilen Bahn geben könnte. Er müßte sich nach den Gesetzen der Himmelsmechanik in einem der beiden sogenannten Lagrange-Punkte aufhalten. Nur dort, in der Umlaufebene zweier massereicher Objekte, ist ein kleiner Körper im Gleichgewicht; er sitzt quasi in der Schwerkraftfalle.

So wurde die Fahndung erneut gestartet. Diesmal grasten die Experten das Firmament mit Weitwinkelkameras ab. Die Erfolgsmeldung kam im Frühjahr 1961 von dem polnischen Astronomen Kazimierz Kordylewski. Auf dem Foto zeigte sich aber keineswegs ein kompaktes Gebilde, sondern ein schwaches Wölkchen von vierfachem Vollmonddurchmesser. Heute wissen die Fachleute, daß es neben dem Mond sogar zwei Erdtrabanten gibt, das heißt: beide Lagrange-Punkte sind ausgefüllt. Die Wolken bestehen aus Millionen Staubteilchen, deren Durchmesser vom Bruchteil eines Millimeters bis zu zwei Zentimetern reichen. Darunter ist Bauschutt aus der Frühphase unseres Planetensystems ebenso wie Material, das beim Einschlag kosmischer Brok-

ken auf den Mond ausgeworfen wurde. Jeweils fünf Tage vor oder nach Vollmond bietet sich die Gelegenheit, die in Wirklichkeit 20 000 Kilometer großen Wolken zu sehen. Dabei muß der echte Mond unter dem Horizont stehen und seine Bahn möglichst steil am Himmel verlaufen. Am besten geeignet sind dunkle Nächte in den Äquator-Gegenden der Erde. Die Gebilde lassen sich nur sehr schwer fotografieren. Brauchbare Aufnahmen sind in den vergangenen Jahren nicht gelungen.

## Merkur – Welt der Gegensätze

Noch auf dem Sterbebett soll Nikolaus Kopernikus bedauert haben, ihn nie selbst zu Gesicht bekommen zu haben. Damit teilt der große Reformator der Astronomie, der im 16. Jahrhundert die Sonne ins Zentrum des Planetensystems rückte, das Schicksal der meisten Menschen. Oder haben Sie ihn etwa schon beobachtet?

Die Rede ist von Merkur. Er zeigt sich entweder am Morgenhimmel kurz vor Sonnenaufgang oder abends, kurz nach Sonnenuntergang. Dabei steht er stets nur sehr knapp über dem Horizont – und das

macht es so schwierig, das »Sternchen« zu erhaschen. In der klaren Luft des antiken Griechenlands ist Merkur den aufmerksamen Beobachtern natürlich nicht entgangen. Sie hatten sogar zwei Namen für den Planeten: Hermes, sobald er die Rolle des »Abendsterns« spielte, Apollo, wenn er am morgendlichen Firmament auftauchte. Hermes galt als gerissener Götterbote und Schutzpatron von Hirten und Wanderern, Kaufleuten und Dieben.

Den Babyloniern galt der Himmelskörper als Nabu, Gott der Weisheit. Die Ägypter sahen in ihm Thot; der war, dem Hermes vergleichbar, so etwas wie der Pressesprecher der Götter. Die Römer nannten ihn Merkur.

Merkur ist der sonnennächste aller Planeten. Sein mittlerer Abstand zum Tagesgestirn beträgt etwa 58 Millionen Kilometer (Erde: 150 Millionen Kilometer). Auf seiner stark elliptischen Bahn umrundet er die Sonne einmal alle 88 Tage.

Radarmessungen Mitte der sechziger Jahre haben gezeigt, daß ein Merkurtag 58,65 irdische Tage dauert. Der bisher einzige Besucher des Planeten war die unbemannte US-Sonde »Mariner 10«. In den Jahren 1974 und 1975 flog sie dreimal an der 4880 Kilometer großen Gesteinskugel vorbei.

Die extrem dünne Atmosphäre aus Helium- und Wasserstoffatomen konnte den Blick auf das Antlitz des Götterboten nicht trüben. Seine Oberfläche ähnelt der des Mondes: Sie ist zerfurcht und von Kratern übersät, die kosmische Brocken in den vergangenen Jahrmilliarden beim Aufprall in die Kruste geschlagen haben. Der größte Treffer ist das zwei Kilometer tiefe, längst mit Lava vollgelaufene Caloris-Becken.

Astronauten müßten auf dem Merkur mit hervorragenden Raumanzügen ausgestattet sein. Die Temperaturen auf der Oberfläche steigen auf 430 Grad über Null und sinken um Mitternacht auf minus 170 Grad. Die tiefen Krater in der Nordpolgegend scheinen dagegen ihr eigenes, ausschließlich frostiges Klima zu besitzen.

Vor wenigen Jahren fanden Forscher mit Hilfe von Radarmessungen dort überraschend Anzeichen für Wassereis. Merkur wird seine Geheimnisse aber noch eine Weile hüten. Raumsonden werden ihn in nächster Zeit nicht erreichen.

# Verschleierte Venus

Ein undurchdringlicher Schleier verhüllt das Antlitz der Liebesgöttin. Welches Geheimnis mag die Venus verbergen? Der schwedische Nobelpreisträger Svante Arrhenius glaubte an einen feuchten Planeten mit ausgedehnten Urwäldern. Andere Forscher vermuteten gar intelligente Bewohner, die mindestens 130 Jahre alt werden sollten. Doch solche Spekulationen haben sich als Utopie entpuppt. Eine Gluthölle mit Temperaturen um die 470 Grad liegt unter der dichten Wolkenhülle, die das Sonnenlicht reflektiert und die Venus damit zu einem auffallend hellen Gestirn am irdischen Firmament macht.

Die Atmosphäre ist eine für das Leben nicht gerade bekömmliche Mixtur aus Kohlendioxid und Stickstoff. Auch der im Vergleich zur Erde neunzigmal höhere Luftdruck würde einen Besuch auf der steinigen Oberfläche wenig angenehm gestalten.

Die Raumsonde »Magellan« hat mit Radar-Augen die Venus als einen Vulkanplaneten entlarvt. Krater, kuppelförmige Aufwölbungen, verästelte Lavakanäle und mächtige Gebirgszüge prägen die öde Landschaft. Bereits 1962 hatten Astronomen mittels Radioteleskopen herausgefunden, daß sich der Nachbarplanet in 243 Tagen um seine Achse dreht – und das auch noch falsch herum: »Venusianer« sähen in ihrer Heimat die Sonne im Westen auf- und im Osten untergehen. Der Himmelskörper wandert in knapp 225 Tagen einmal um das Zentralgestirn; der Tag dauert also länger als das Jahr.

Die Venus gilt als Morgen- und Abendstern. Wann immer sie am Himmel steht, übertrifft ihr Glanz den aller anderen Planeten oder Sterne. Laien halten sie gelegentlich für ein Ufo oder zumindest für eine ungewöhnliche Himmelserscheinung.

Im Fernrohr zeigt die Venus Phasengestalt wie der Mond: Als innerer Planet zieht sie ihre Runden zwischen Sonne und Erde, aus diesem Grund wechselt die Beleuchtung der 12 000 Kilometer großen Kugel ständig. Auch verändert sie stark ihren scheinbaren Durchmesser: Steht Venus gerade zwischen Sonne und Erde (untere Konjunktion), trennen uns nur 39 Millionen Kilometer von ihr; jenseits der Sonne (obere Konjunktion) sind es 261 Millionen Kilometer.

# Die Untiefen des Herrn Schiaparelli

An einem Spätsommerabend des Jahres 1877 sitzt Giovanni Schiaparelli am großen Linsenteleskop der Mailänder Sternwarte. Der Direktor des Observatoriums möchte den Mars unter die Lupe nehmen. Anfang September steht die Erde genau zwischen Mars und Sonne. Der Rote Planet leuchtet die ganze Nacht am Himmel und kommt der Erde besonders nahe.

Schiaparelli wandert mit den Augen über das Marsscheibchen, von der weißen Südpolkappe hinunter zum Äquator, vorbei an hellen und dunklen Flecken – und stutzt: Wie mit dem Lineal gezogen, erscheinen auf der Oberfläche plötzlich drei Striche, die er noch nie zuvor gesehen hat. Schiaparelli prüft die Optik, blickt dann mit dem anderen Auge ins Okular. Die Linien bleiben. Schließlich trägt er die »canali«, wie er sie nennt, in seine Karte ein.

Die Entdeckung spricht sich schnell herum, in Presseberichten gewinnen die »Marsianer« Gestalt: Nur intelligente Wesen können das gewaltige Kanalsystem angelegt haben! Der englische Autor H. G. Wells beschreibt in seinem Roman ›Krieg der Welten‹ den Angriff der Marsmenschen. Im Jahr 1938 löst Orson Welles' Hörspielfassung des Werks in Amerika Panik aus. Tausende Menschen fliehen vor den vermeintlichen kleinen grünen Männchen. Heute kehrt sich die Lage um: Der nach dem römischen Kriegsgott benannte Himmelskörper erhält Besuch von der Erde. 1976 sind die beiden »Viking«-Sonden weich auf dem Mars gelandet. Längst wissen die Astronomen, daß die Kanäle Schiaparellis und anderer Beobachter nur optische Täuschungen gewesen sein können. Mars ist eine Ödnis. Über den Geröllfeldern, Sanddünen und Canyons liegt eine dünne Kohlendioxid-Atmosphäre.

Der rötliche Schimmer stammt von Eisenoxiden im Boden. Den alten Kulturen bedeutete diese Farbe Blut und Feuer, Mars galt als Bote des Unheils. Der mesopotamische Gott Nergal, der Krieg und Fieber über die Menschen bringen sollte, diente den Griechen als Vorbild für ihren Kriegsgott Ares. Bei den Römern mutierte er zum Mars. Ein Tag auf dem Planeten, den die beiden kartoffelförmigen, nur wenige Kilometer großen Monde Phobos und Deimos umkreisen, dauert 37 Minuten länger als auf der Erde; seine Achsneigung verursacht Jahreszeiten. Gibt es Leben auf dem Mars? Die »Vikings« haben keine Beweise geliefert. Manche Fachleute vermuten aber, daß noch heute niedere Organismen den Roten Planeten bevölkern.

## E.T. und das Marsgesicht

E.T. ist auf dem Mars gelandet, hat dort Pyramiden gebaut und ein riesenhaftes Gesicht ins Gestein gehauen. Und hat nicht die Raumsonde »Viking« 1976 diese Spuren der Außerirdischen fotografiert? Unzählige Autoren hielten den Mythos vom Marsgesicht jahrelang lebendig. Im Frühjahr 1998 hat der »Mars Global Surveyor« allen Spekulationen ein Ende bereitet und auch die vermeintlichen Pyramiden als optische Täuschung entlarvt. Die Kamera nahm einen vier Kilometer breiten und achtzig Kilometer langen Streifen der Cydonia-Region unter die Lupe. Dabei überflog der unbemannte Späher auch das Marsgesicht. Das Bild hätte sogar einzelne »Fältchen« in dem Antlitz gezeigt, so hoch war die Auflösung der Optik.

Doch was selbsternannte »Experten« zuvor für Augen, Nase und Mund hielten, ist nichts als der nackte, unbehauene Fels eines etwa 1500 Meter großen Tafelbergs. Seit Urzeiten steht er in der Wüste, Sandablagerungen und Winderosion haben auf ihm ihre Spuren hinterlassen. Genau diesen Berg hatte das elektronische Kamera-Auge von »Viking« gesehen – nur bei anderem Sonnenstand. Das Spiel aus Licht und Schatten hatte menschliche Gesichtszüge vorgegaukelt. Die neuesten Bilder lassen sogar eingefleischte »Mars-Archäologen« zweifeln. Manche behaupten aber, die Aufnahmen seien gefälscht, um die Wahrheit zu vertuschen.

Der »Mars Global Surveyor« war im September 1997 in eine Umlaufbahn um den Roten Planeten eingeschwenkt. Eigentlich sollte er, behutsam von der Atmosphäre gebremst, bis März 1998 den idealen Orbit erreichen und mit der Kartierung beginnen. Doch die Marshülle erwies sich als unerwartet dicht. Es gab Probleme mit einem Sonnenpaddel, der Missionsplan mußte geändert werden. Im Jahr 1999 positionierte das Kontrollzentrum den Späher endgültig über dem Planeten, seine eigentliche Mission konnte beginnen.

# Ceres & Co.

Am Neujahrsabend 1801 durchmusterte Giuseppe Piazzi das Firmament. Der Direktor des sizilianischen Observatoriums war darauf spezialisiert, Fixsterne zu katalogisieren. An jenem 1. Januar beobachtete er ein Lichtpünktchen, das nicht ins Bild paßte, bewegte es sich doch im Laufe der folgenden Abende unter den Fixsternen weiter. Piazzi glaubte, einen Kometen gefunden zu haben. Die Aufregung der Astronomen war groß, als sich herausstellte, daß ihr Kollege einem neuen Planeten auf die Spur gekommen war. Er erhielt den Namen Ceres. Danach überschlugen sich die Ereignisse: Am 28. März 1802 meldete der Bremer Amateur Wilhelm Olbers einen weiteren Planeten, und knapp zweieinhalb Jahre später wurde wieder einer entdeckt. Jetzt gab es neben Ceres auch noch Pallas und Juno. Alle kreisen sie in der Lücke zwischen Mars und Jupiter um die Sonne. Rasch wurde klar, daß das keine ausgewachsenen Planeten sein konnten. Man bezeichnete die Gruppe als »Planetoiden«; üblich ist heute auch der Name »Asteroiden« oder »Kleinplaneten«.

Ceres ist mit tausend Kilometern Durchmesser der größte Vertreter dieser Art. Ihre Gesamtzahl wird auf einige Milliarden geschätzt, an die 15 000 sind in den Katalogen verzeichnet. Früher dachten die Astronomen, es handle sich um Baumaterial, aus dem sich nie ein größerer Körper formen konnte. Doch die Planetoiden sind vielmehr die Überreste eines zerplatzten Planeten. Alle zusammen besitzen sie nur etwa ein Tausendstel der Erdmasse. Vor wenigen Jahren lieferte die Raumsonde »Galileo« Nahaufnahmen von Gaspra und Ida. Die beiden Kleinplaneten entpuppten sich als kartoffelförmige, kraterübersäte Brocken. Zur Überraschung der Experten wird Ida von einem winzigen Mond umkreist. Und im Sommer 1997 haben Astronomen von der Erde aus einen Satelliten bei dem Planetoiden Dionysus gesichtet.

Manche Kleinplaneten tanzen aus der Reihe. Das heißt: Sie können relativ nahe an unserem Planeten vorbeifliegen – wie die Mitglieder der Apollo-Familie – und sogar mit ihm kollidieren. Es gibt aber auch Objekte wie Chiron, der weit draußen im Sonnensystem seine Bahn zieht; möglicherweise ist Chiron ein Komet. Wer die helleren Planetoiden Ceres, Pallas oder Juno beobachten will, benötigt ein Aufsuchekärtchen und ein Fernglas. Mehr als ein Lichtpünktchen ist von den Winzlingen aber auch im größeren Teleskop nicht zu sehen.

# Der Gasriese

Die Bombe tickte, die Detonation ließ sich nicht mehr aufhalten: In der Nacht des 16. Juli 1994 kollidierte der erste von knapp zwei Dutzend Brocken des zerborstenen Kometen Shoemaker-Levy 9 mit dem Gasriesen Jupiter. Am 22. Juli war das Feuerwerk vorbei. Das bedeutete Großeinsatz für Berufsastronomen. Die Amateure visierten den Planeten ebenfalls an, in der Hoffnung, von dem Spektakel etwas mitzubekommen. Tatsächlich zeigten sich in der Atmosphäre eine Zeitlang dunkle Flecken.

Der Göttervater sorgte nicht zum erstenmal für Schlagzeilen: »Als ich also um die erste Stunde der auf den 7. Januar des laufenden Jahres 1610 folgenden Nacht die Gestirne des Himmels durch das Fernrohr betrachtete, geriet mir der Jupiter ins Bild, und da ich mir ein sehr vorzügliches Instrument gebastelt hatte, erkannte ich, daß bei ihm drei Sternchen standen, die zwar klein, aber sehr hell waren. (...) Am 13. erblickte ich zum erstenmal vier Sternchen.« Was Galileo Galilei hier über seine Entdeckung der »Mediceischen Sterne« schreibt, sollte die Welt verändern. Der italienische Gelehrte beobachtete über mehrere Tage den Tanz der Monde um den Jupiter und schloß daraus, daß auch die Planeten – einschließlich der Erde – einen größeren Himmelskörper umkreisen: die Sonne. So begann der Streit um die kopernikanische Lehre. Vor der Inquisition mußte Galilei am 22. Juni 1633 dem »Irrglauben« abschwören.

Jupiter offenbart schon in kleinen Fernrohren dunkle Bänder und helle Zonen, die parallel zum Äquator verlaufen (»von links nach rechts«). Teleskope von etwa acht Zentimetern Öffnung an zeigen weiße und graue Flecken, Brücken, Buchten oder Stäbchen. Die auffälligste Struktur ist der »Große Rote Fleck«, ein Wirbelsturm mit rund 40 000 Kilometern Durchmesser. Er schwimmt quasi in der Wasserstoff-Helium-Atmosphäre, welche die feste Oberfläche des Jupiter umgibt: Zehntausende von

Kilometern hoch türmt sich die Gashülle des größten Planeten im Sonnensystem auf. Seine Kugel könnte 1300 Erden verschlukken. Wer sich mit dem Fernrohr zu einer längeren »Audienz« beim Göttervater entschlossen hat, wird bemerken, wie an einem Rand der Jupiterscheibe allmählich neue Flecken und Wölkchen auftauchen, während sie am gegenüberliegenden Rand verschwinden. Dies ist ein direktes Zeichen für die rasche Rotation; innerhalb von knapp zehn Stunden dreht sich Jupiter einmal um seine Achse. Als Folge davon erscheint der Planet nicht kreisrund, sondern an seinen Polen deutlich abgeplattet.

Mit einem Blick auf die vier hellsten Trabanten Io, Europa, Ganymed und Callisto wandelt der Hobbyastronom von heute auf Galileis Spuren. Bereits im Fernglas läßt sich das faszinierende Spiel der punktförmigen Satelliten verfolgen, die im Lauf von mehreren aufeinanderfolgenden Beobachtungsabenden ihre Lage verändern. Gelegentlich ziehen sie vor dem Planeten vorüber, werfen pechschwarze winzige Schatten auf seine Atmosphäre oder verschwinden hinter der Jupiterkugel. Zum Genuß wird eine solche »Mondenschau« allerdings erst in Teleskopen ab zehn Zentimetern Öffnung.

## Unter speienden Vulkanen

Die »Galileischen Monde« Io, Europa, Ganymed und Callisto sind wahre Spielwiesen für Geologen. Dicke Eispanzer umhüllen drei der vier Satelliten, unter der Kruste von Europa vermuten manche Experten einen Ozean aus Wasser. Io mißt 3632 Kilometer im Durchmesser und umläuft den Jupiter innerhalb eines Schlauchs aus elektrisch geladenen Elementarteilchen. Darüber hinaus kneten die Gezeitenkräfte

des Planeten das Mondinnere durch. Das Ergebnis: Io ist der vulkanisch aktivste Körper im Sonnensystem. Bis zu 400 Kilometer hohe Schwefelfontänen erheben sich über seine bizarre Oberfläche. Im Jahr 1998 waren die Vulkane Zamama und Prometheus aktiv. Das Kamera-Auge der Raumsonde »Galileo« nahm die gewaltigen Eruptionen auf, die vor dem schwarzen Hintergrund des Weltalls wie aufgespannte Regenschirme erscheinen. Selbst auf Ios Nachtseite zeigen sich diese Ausbrüche, weil die ausgeschleuderten Wolken länger von der Sonne beschienen werden.

Die von Lava und Schwefelablagerungen überzogene, mit schwarzen, braunen, grünen, orangenen und roten Gebieten gesprenkelte Oberfläche ähnelt einer Pizza. Die Vulkane formen die Landschaft um. Io verändert ständig sein Antlitz.

Im Jahr 1999 zog »Galileo« zweimal in geringem Abstand an dem faszinierenden Jupitermond vorüber. Obwohl die Raumsonde zeitweise durch intensive Strahlung außer Gefecht gesetzt war, lieferte sie Bilder mit der höchsten Auflösung seit Beginn der Mission im Dezember 1995. Sie zeigen unter anderem eine Lava-Fontäne, die etwa eineinhalb Kilometer hoch in den Himmel steigt. Die glühende Masse ist so heiß, daß die Kamera geblendet wurde. Auf dem Foto erscheint die Fontäne als verschwommener weißer Fleck. Dieser Schnappschuß entpuppte sich als Glückstreffer: Die Chance, eine solche Eruption vor die Linse zu bekommen, stand 1 : 500.

## Cassini und seine Entdeckung

Giovanni Domenico Cassini (1625 bis 1712) galt als einer der besten Himmelsbeobachter des 17. Jahrhunderts. Mit den Teleskopen der Pariser Sternwarte entdeckte er zum Beispiel die Rotation von Mars und Jupiter. Vor allem der von einem Ringsystem umgebene Saturn hatte es ihm angetan. Seine Beobachtungen dokumentierte er in Zeichnungen.

1676 fertigte er eine Skizze des Planeten an, die ein erstaunliches Detail verrät: eine schmale schwarze Linie innerhalb der Ringe. Vermutlich hatte der Astronom diese Struktur bereits einige Monate zuvor gesehen. Heute zeigt jedes mittlere Amateurfernrohr bei ruhiger Luft und ab etwa 150-facher Vergrößerung diese Cassinische Teilung. Lange Zeit dachten die Forscher, daß die Lücke in den Ringen absolut leer sei. Die beiden »Voyager«-Raumsonden nahmen die Teilung in den achtziger Jahren unter die Lupe – und fanden darin zur Überraschung der Fachleute mehrere helle, dünne Ringe.

Giovanni Domenico Cassini ist der Namenspatron einer Sonde, die am 13. Oktober 1997 zum Saturn startete. Auf verschlungenem Kurs wird sie im Sommer 2004 am Ringplaneten ankommen.

Mit dabei ist die kleine Kapsel »Huygens«, deren Reise spektakulär enden soll: Mit einer Geschwindigkeit von 20 000 Kilometern pro Stunde wird sie in die dichte Hülle des größten Saturnmondes Titan eintauchen, an einem Fallschirm zur Oberfläche absteigen und dabei mit Meßfühlern die rund minus 200 Grad kalte Atmosphäre aus Stickstoff und Methan »verkosten«. Die Experten vermuten, daß die klimatischen Verhältnisse auf dem Trabanten so ähnlich sind wie jene auf der Erde vor mehr als vier Milliarden Jahren.

Titan ist übrigens bereits mit einem guten Fernglas als winziges »Sternchen« neben dem beringten Saturn zu sehen; Christian Huygens (1629 – 1695) hatte den Satelliten im Jahr 1655 entdeckt. Dem Himmelsforscher war es auch gelungen, das Rätsel um die seltsame Gestalt des Saturn zu lösen. In den ersten Teleskopen hatte sich der Planet als Kugel präsentiert, die von zwei kleineren umgeben war. Bisweilen verschwanden diese seltsamen Begleiter. Huygens identifizierte sie als Ringsystem. Die Kunde von seinem bedeutsamen Fund versteckte er in einem Buchstabenrätsel.

## Herschels Welt

Eigentlich hätten schon die Astronomen der alten Kulturen das schwache Lichtpünktchen sehen müssen, das behäbig durch die Tierkreisbilder zieht. Doch erst am 13. März 1781 spürte es Wilhelm Herschel (1738 – 1822) mit einem selbstgebauten 15-Zentimeter-Spiegelfernrohr in der Konstellation Zwillinge auf. Herschel hielt seine Entdeckung zunächst für einen Kometen, aber das Objekt erschien nicht diffus; andererseits war es auch nicht so punktförmig wie ein Stern. Tatsächlich entpuppte sich der geheimnisvolle »Komet« als neuer, siebter Planet: Herschel hatte den Uranus gefunden.

Gemeinsam mit Jupiter, Saturn und Neptun zählt er zu den Gasplaneten. Uranus besitzt einen Durchmesser von rund

51 000 Kilometern – ist also viermal größer als die Erde. Er dreht sich sehr schnell um die eigene Achse: Ein Tag dauert nur gut 17 Stunden. Wasserstoff, Helium und in den obersten Schichten Methan bilden die dichte, blaugrün schimmernde Atmosphäre des Uranus, der den Namen des Urgottes der klassischen Mythologie trägt. Der Himmelskörper läuft auf einer nahezu kreisförmigen Bahn in durchschnittlich etwa 2,9 Milliarden Kilometern Abstand um die Sonne. Für eine Umrundung des Tagesgestirns benötigt er 84 irdische Jahre.

Weil seine Rotationsachse stark geneigt ist und der Planet auf seiner Bahn quasi dahinrollt, zeigt die Hälfte des Uranus-Jahres einer der beiden Pole zur Sonne, während den anderen kein Fünkchen Licht erreicht. Der »Urgott« schmückt sich mit einem Ringsystem, das Astronomen 1977 mit dem Kuiper-Airborne-Observatorium entdeckt haben. Neun Jahre später erhielt Uranus Besuch von der Erde, als die US-Raumsonde »Voyager 2« an ihm vorbeiraste. Sie lieferte nicht nur detaillierte Bilder der Wolkenhülle, sondern auch Ansichten seiner vereisten Monde. 21 Satelliten sind bis heute bekannt, der letzte wurde erst im Jahr 2000 aufgespürt.

## Ein blauer Planet

Heute möchte ich von dem »unermüdlichen Beobachter verlangen, daß er einige Augenblicke der Durchforschung einer Region des Himmels widmen möge, wo es einen Planeten zu entdecken geben kann«. Diese Zeilen schrieb Urbain Leverrier an Johann Gottfried Galle, Astronom an der Berliner Sternwarte. Der Brief traf am 23. September 1846 ein. In derselben Nacht stöberten Galle und sein Student Louis d'Arrest in der genannten Gegend und stießen auf ein schwaches Lichtpünktchen. Die Himmelsmechanik triumphierte: Leverrier und – unabhängig von ihm – John Couch Adams hatten die Position des neuen Planeten allein aus Bahnstörungen seines Nachbarn Uranus vorausberechnet.

Die Astronomen tauften den Himmelskörper nach dem römischen Meeresgott Neptun. Er schob die Grenze des Sonnensystems bis in eine Entfernung von viereinhalb Milliarden Kilometern hinaus. Bereits in einem kleinen Fernglas erscheint Neptun als unscheinbares Sternchen. Ein mittleres Amateurfernrohr zeigt ein winziges Scheibchen ohne Details. Selbst große Profileteleskope enthüllen kaum Einzelheiten, vom Weltraumteleskop »Hubble« einmal abgesehen. Die bisher besten Ansichten der fernen Welt lieferte die US-Sonde »Voyager 2«. Im Jahr 1989 raste sie in nur 4905 Kilometer Entfernung an dem Planeten vorbei. Wie es sich für den Meeresgott Neptun gehört, leuchtet die Gaskugel in tiefem Blau. Die Farbe entsteht aber nicht durch Wasser, sondern durch das viele Methan in der Atmosphäre, das den Anteil an rotem Licht herausfiltert. In der dichten Wolkenhülle toben Stürme mit Geschwindigkeiten von bis zu 2100 Kilometer pro Stunde.

Auffälligstes Merkmal war im Jahr 1989 der »Große Dunkle Fleck« – ein erdgroßer Wirbelsturm. Neptun strahlt zweimal mehr Wärme ab, als er von der Sonne empfängt. Er muß also über einen inneren »Ofen« verfügen. Die Forscher vermuten, daß sich der Planet unter der eigenen Schwerkraft zusammenzieht und dabei Energie freigesetzt wird. Neptun hat einen Durchmesser von knapp 50 000 Kilometern, besitzt ein Ringsystem und ist Herr über mindestens acht Monde, der größte heißt Triton.

## Der Außenseiter

Percival Lowell war ein eigensinniger Mann, sehr reich und ein wenig versponnen. Und er litt an chronischem Marsfieber. Überzeugt, daß auf dem Roten Planeten intelligente Wesen hausen, ließ er im Jahr 1894 in Flagstaff im US-Bundesstaat Arizona eine Sternwarte bauen, um den Himmelskörper zu beobachten. Lowell starb 1916, ohne die kleinen grünen Männchen je gesehen zu haben. 14 Jahre später führte Clyde Tombaugh, der Sohn eines Farmers, das Observatorium trotzdem zu Weltruhm. Der Amateurastronom hatte mit seinem selbstgebauten Fernrohr Mars und Jupiter beobachtet und Zeichnungen dieser Planeten an den Direktor der Lowell-Sternwarte geschickt. Der war von den Arbeiten so angetan, daß er Tombaugh eine Stelle anbot.

Mit Eifer ging der Neue an die Arbeit. Sie bestand darin, den »Planeten X« aufzuspüren. Denn Percival Lowell hatte nicht nur fest an die Marsianer geglaubt, sondern auch an einen bisher unentdeckten Himmelskörper jenseits der Bahn des Neptun. Am Nachmittag des 18. Februar 1930 verglich Clyde Tombaugh fotografische Platten einer Region im Sternbild Zwillinge. Da sprang ihm ein schwaches Lichtpünktchen ins Auge: der »Planet X«. Die Astronomen tauften ihn auf den Namen Pluto.

Der Gott der Unterwelt, in der griechischen Mythologie heißt er Hades, Aidoneus oder eben Pluto, braucht für einen Sonnenumlauf knapp 248 Jahre. Seine mittlere Entfernung zum Tagesgestirn beträgt sechs Milliarden Kilometer. Die Astronomen wissen über Pluto nicht viel. Keine Raumsonde hat ihn bisher unter die Lupe genommen, und selbst im größten Fernrohr sieht er aus wie ein Sternchen.

Der ferne Planet besitzt einen Durchmesser von etwa 2300 Kilometern. Eine Atmosphäre aus Methan hüllt die rötlich schimmernde Kugel ein, deren Oberfläche vermutlich aus Methan-Eis besteht. Im Jahr 1978 fand ein Forscher den Plutomond Charon. Er ist mit einem Durchmesser von 1200 Kilometern halb so groß wie sein Mutterplanet.

Manche Wissenschaftler wollen Pluto den Status als Planet aberkennen. Tatsächlich ist seine Bahn extrem stark gegen die Ebene des Sonnensystems geneigt. Außerdem hat die Schwerkraft die Umlaufzeit von Pluto und seinem Nachbarn Neptun auf das Verhältnis zwei zu drei eingestellt. Diese Eigenschaften weisen auch die Anfang der neunziger Jahre entdeckten Plutinos auf – kleine Körper am Rand des Sonnensystems.

Für Hobby-Sterngucker ist Pluto wegen seiner geringen Helligkeit uninteressant. Sogar wenn er in Erdnähe steht, zeigt er sich nur im großen Amateurteleskop.

Clyde Tombaugh starb im Januar 1997 kurz vor seinem 91. Geburtstag.

# Nichts als Staub, Eis und Gas

Die neunziger Jahre des 20. Jahrhunderts bescherten uns zwei helle Kometen: Hyakutake und Hale-Bopp. Am 1. April 1997 erreichte letzterer mit knapp 137 Millionen Kilometern seine geringste Entfernung zur Sonne. Das Tagesgestirn heizte dem schätzungsweise sechzig Kilometer großen gefrorenen Brocken gehörig ein. Der Kern spie mächtige Gas- und Staubfontänen in den Weltraum. Bis zu einer Länge von vierzig Vollmonddurchmessern erstreckte sich sein Schweif über den Himmel. Hale-Bopp entwickelte sich zum Medienstar.

Kometen sind keineswegs Dämpfe aus irdischen Sümpfen und Höhlen, für die sie Aristoteles hielt. Und auch als Menetekel der Apokalypse, als Vorzeichen für Krieg, Pest und Hungersnot taugen sie nicht. Der dänische Astronom Tycho Brahe (1546 bis 1601) fand im Jahr 1577 heraus, daß die Kometen als eigenständige Himmelskörper durch das Weltall ziehen, weit jenseits der Mondbahn. Aber auf welchen Pfaden? Waren es Kreise oder Ellipsen? Dann sollten sie regelmäßig zwischen den Sternen aufkreuzen. Der englische Astronom Edmond Halley (1756 – 1742) stellte solche Überlegungen an – und sagte die Wiederkehr eines Kometen, der sich offenbar schon 1531 und 1607 am Firmament ein Stelldichein gegeben hatte, für das Jahr 1758 voraus.

Am 25. Dezember 1758 wurde der Halleysche Komet tatsächlich entdeckt. Die Kometen folgten brav den Gesetzen der Himmelsmechanik. Sie waren berechenbar geworden.

Im 19. und 20. Jahrhundert enträtselten die Forscher außerdem ihre Natur. Es sind uralte, mehrere Kilometer große poröse Brocken aus Gestein und Eis, die da durchs All fliegen. Nähern sie sich der Sonne, tauen sie auf. Das Material verdampft und hüllt den Kern in eine einige hunderttausend Kilometer große Gashülle. Das Sonnenlicht wirbelt Staub aus dem Kometenkern, der Sonnenwind (elektrisch geladene Teilchen) fegt Gaspartikel weg. So entstehen der gelblich schimmernde Staub- und der blau glimmende Gasschweif. Einige hundert Millionen Kilometer können sich diese Fahnen durch das Planetensystem ziehen.

Wer das Glück hat, einen hellen Kometen zu erleben, sollte ihn mit einem lichtstarken

Feldstecher (zum Beispiel 7 x 50) ins Visier nehmen. Damit kommen die Schweife besonders schön zur Geltung. Ein Teleskop zeigt wegen seines kleinen Gesichtsfelds nur einen winzigen Ausschnitt des Kometen; es eignet sich aber gut dazu, die Strukturen um den Kern ins Visier zu nehmen. Zur Fotografie dient eine feststehende Kamera auf stabilem Stativ. Sie sollte mit Normalobjektiv (50 Millimeter Brennweite, Blende 1,8) versehen und mit einem 400-ASA-Farb(dia)film bestückt sein. Empfehlenswert ist eine Bilderserie mit Belichtungszeiten zwischen 10 und 30 Sekunden.

## Sterne, die vom Himmel fallen

Zwischen glühenden Eisenplatten liegt ein Mann. Flammen umlodern ihn, dunkler Rauch steigt auf. Kurz vor seinem Tod erhebt der Mann noch einmal die Stimme: »Der Braten ist schon fertig, dreh ihn um und iß«, sagt er zu seinem Folterknecht. Glaubt man der Legende, dann hat sich diese Szene tatsächlich so abgespielt. Damals, am 10. August 258, ließ Kaiser Valerian den Diakon Laurentius in Rom verbrennen.

Die katholische Kirche hatte einen Märtyrer mehr – und der Volksmund einen Namen für Sterne, die im Sommer vom Himmel fallen: Laurentiustränen. Hunderte von Leuchtspuren blitzen in den Nächten zwischen dem 10. und dem 14. August am Firmament auf. Manche werden so hell wie der Planet Venus. Diese Meteore heißen Perseiden. Was verbirgt sich hinter dem Feuerwerk? Sind es die Gase abgestorbener Pflanzen oder elektrisch geladene Luftmassen, wie griechische Gelehrte glaubten?

Erst im 19. Jahrhundert erkannte der italienische Astronom und Entdecker der Marskanäle Giovanni Schiaparelli (1835 bis 1910) die kosmische Natur der Sternschnuppen. Schneller als jeder Düsenjet rast unsere Erde um die Sonne. Pro Stunde legt sie knapp 110 000 Kilometer zurück. Die Schwerkraft des Zentralgestirns fesselt auch die Kometen. Sie bestehen aus einem mehrere Kilometer großen, tiefgefrorenen Kern aus Eis und Staub. In Sonnennähe entwickeln diese Objekte Gas- und Staubschweife. Kometen, die auf periodischen Bahnen sehr oft das Tagesgestirn umlaufen, lösen sich allmählich auf. Nach den Gesetzen der Himmelsmechanik bleiben die Teilchen jedoch nahezu in der Spur.

Durchkreuzt die Erde die Kometenbahn, kommt es zu einem Meteorschauer. Die kosmischen Schrotkugeln, die meisten nicht größer als Staubkörnchen, prallen mit einer Geschwindigkeit von bis zu 250 000 Kilometern pro Stunde auf die Atmosphäre, erhitzen sich und verdampfen durchschnittlich achtzig Kilometer über dem Boden.

Die Meteore scheinen alle von einem bestimmten Punkt am Himmel herzukommen – wie die Flocken, die während einer Autofahrt durch einen dichten Schneesturm vor der Windschutzscheibe auftauchen. Dieser Punkt heißt Radiant und gibt dem Meteorschauer seinen Namen. Neben den Perseiden aus der Konstellation Perseus zählen die Leoniden aus dem Löwen (lat. *leo*) Mitte November zu den ergiebigsten »Sternenregen«. So zuckten im Jahr 1999 in einer Novembernacht pro Stunde an die 5000 Meteore über das Firmament.

Der freie Blick zum Firmament und ein Plätzchen ohne störendes Streulicht sind die wichtigsten Voraussetzungen für die Meteorjagd. Grundsätzlich eignet sich das bloße Auge am besten zur Beobachtung. Erfahrene Amateurastronomen führen genau Protokoll, zählen die Sternschnuppen, notieren besonders hellglänzende Feuerkugeln und schätzen deren Helligkeit.

## Der Donnerstein von Ensisheim

Am späten Vormittag des 7. November 1492 zuckt ein greller Lichtblitz über den Himmel unweit des elsässischen Städtchens Ensisheim. Kurz darauf folgt ein »grüsam Donnerschlag«.

Als sich die Menschen von dem Schrekken erholt haben, entdecken sie Ungeheuerliches: Inmitten eines Feldes hat sich ein 127 Kilogramm schwerer Stein »eine halbe Mannslänge tief« in den Boden gebohrt. Ein Stück Himmel war auf die Erde gestürzt. Kaiser Maximilian I. läßt den Donnerstein im Chor der Pfarrkirche aufhängen und untersagt, jemals etwas von ihm abzuschlagen. Offenbar hat das kaiserliche Verbot wenig genützt: Mittlerweile wiegt der im Rathaus von Ensisheim ausgestellte Brocken gerade mal 56 Kilogramm.

Bereits die Gelehrten der Antike kannten Steine, die vom Firmament fallen. Aristoteles hielt sie für Erscheinungen innerhalb der Erdatmosphäre. Die Griechen nannten sie Meteore. Darunter verstehen die Astronomen heute die Leuchtspuren am Himmel. Eine solche Sternschnuppe entsteht, wenn ein Meteoroid mit einer Geschwindigkeit zwischen 70 000 und 250 000 Kilometern pro Stunde in die Atmosphäre eindringt und verglüht.

Die meisten dieser Teilchen haben eine Masse von einem Zehntel Gramm. Größere Trümmer entwickeln sich zu Feuerkugeln oder Boliden, die kurzfristig so hell strahlen können wie die Sonne. Die schwergewichtigen Meteoroide überstehen den feurigen Ritt durch die Lufthülle und stürzen als Meteorite zur Erde. Jährlich hageln an die 20 000 kosmische Geschosse mit einem Gewicht von jeweils mehr als hundert Gramm herab – nur die wenigsten auf besiedeltes Gebiet. Dennoch gibt es immer wieder Berichte von Meteoriten, die Hausdächer zertrümmern. Auch Menschen kamen schon zu Schaden.

Die Fachleute unterscheiden je nach Zusammensetzung drei Typen: Eisen- und Steinmeteorite sowie eine Mischung von beiden. Erst im 18. Jahrhundert erkannten Forscher die außerirdische Natur dieser Trümmer. Die weitaus meisten stammen aus dem Planetoidengürtel zwischen Mars und Jupiter. Einige wenige wurden beim Aufprall großer Brocken aus Mond und Mars herausgeschleudert und gelangten schließlich zur Erde. Und ein Teil der Meteoroiden steckte in Kometen, die sich längst aufgelöst haben.

Kreuzt unsere Erde die Bahn einer solchen Schuttdeponie, fallen besonders viele Sterne vom Himmel. Am bekanntesten ist der Meteorschauer der Perseiden um den 12. August herum.

# Die Farben des Himmels

Bei einer Exkursion über das Firmament können wir selbst ohne optische Hilfsmittel viel über die Sterne erfahren. Wir sollten einmal auf ihre Farben achten. Weil unsere Augen über zwanzigmal mehr Helligkeits- als Farbsensoren verfügen, erscheinen nachts alle Katzen grau – und die meisten Lichtpünktchen wenig bunt.

Das ändert sich, wenn wir besonders helle Sterne ansehen. Lassen Sie uns in einer klaren Winternacht zu einem Streifzug aufbrechen. Da sticht in der Konstellation Orion sofort der rötliche Schulterstern Beteigeuze ins Auge; rechts unterhalb des Gürtels funkelt Rigel in blauweißem Licht. Dagegen leuchtet Kapella im Bild Fuhrmann eher gelblich. Aldebaran im Stier schimmert wiederum deutlich orangerot. Woher stammen die unterschiedlichen Farben?

Ein Stern ist ein Gasballon. Die meiste Zeit seines Lebens verbrennt der natürliche Fusionsreaktor in seinem Zentrum Wasserstoff zu Helium. Dabei erzeugt er gigantische Energiemengen. Strahlung und Konvektion transportieren sie nach außen und heizen die Gasschichten an der Oberfläche auf mehrere tausend Grad auf. Nach den Strahlungsgesetzen hängen Temperatur und Farbe eng zusammen. Ein Stück Eisen, das langsam erhitzt wird, leuchtet zunächst rot, dann orange, gelb und schließlich fast weiß. Zwar sind die Sterne keine Eisenkugeln, aber der eben beschriebene Zusammenhang gilt im Grunde auch für sie. Zum Beispiel beträgt die Oberflächentemperatur unserer Sonne etwa 5500 Grad. Durch ein neutrales Filter betrachtet, strahlt sie weißgelb. Damit ähnelt ihre Farbe etwa jener von Kapella im Fuhrmann. Tatsächlich besitzt dieser Stern eine vergleichbare Oberflächentemperatur. Die roten Sonnen Beteigeuze und Aldebaran müssen kühler sein – ihre Temperaturen liegen bei rund 3300 Grad. Der blauweiße Rigel ist mit 12 000 Grad entsprechend heiß. Mit diesen Beobachtungen ist uns ein kleines Stück Astrophysik gelungen, denn die Temperaturen spielen eine wichtige Rolle im Verständnis von Aufbau und Entwicklung der Sterne.

# Das All in 3-D

Mit schwingender Keule kämpft Orion gegen allerlei Getier. Diese Szene spielt sich in einer klaren Winternacht auf der südlichen Himmelsbühne ab. Dort prangt unübersehbar der mächtige Jäger der griechischen Mythologie. Der Gürtel, die hellen Schultersterne Beteigeuze und Bellatrix und die beiden Fußsterne Rigel und Saiph bilden eine der markantesten Konstellationen des nördlichen Firmaments.

Wie alle anderen Figuren auch ist der Orion eine optische Täuschung: Unterschiedlich ferne Sonnen projizieren sich auf das flache Himmelsgewölbe. Das Weltall in »3-D« sieht ganz anders aus, als wir es gewohnt sind. Beteigeuze zum Beispiel ist etwa 430 Lichtjahre von der Erde entfernt, Rigel rund 900 Lichtjahre. Trotzdem erscheinen uns die Sterne fast gleich hell.

Umgekehrt besitzt Bellatrix mit etwa 360 Lichtjahren nahezu denselben Abstand wie Beteigeuze, strahlt am Himmel aber wesentlich schwächer. Ein Lichtjahr entspricht der Strecke, die das Licht in einem Jahr zurücklegt – 9,46 Billionen Kilometer!

Erst im 19. Jahrhundert konnten die Astronomen das Universum vermessen. Friedrich Wilhelm Bessel gelang 1838 die erste Entfernungsbestimmung eines Sterns über das Parallaxenprinzip (siehe S. 75). Die Forscher lernten, daß sie die scheinbaren Helligkeiten der Objekte am Firmament nicht mit deren wahren Leuchtkräften verwechseln durften. So glänzen manche Sterne wie Flutlichter, andere glimmen wie Kerzen. Das heißt: Große Helligkeit bedeutet keineswegs immer geringe Entfernung. Rigel gehört zu den Flutlichtern. Er strahlt 60 000mal heller als unsere Sonne.

Weil er außerdem noch einen 19mal größeren Durchmesser besitzt als sie, bezeichnen ihn die Fachleute als Überriesen. Beteigeuze bringt es zwar nur auf 15 000fache Sonnenleuchtkraft, aber seine Größe hat astronomische Dimensionen: Die Wissenschaftler schätzen den Durchmesser der rötlichen Gaskugel auf gut 700 Millionen Kilometer. Darin hätte das innere Sonnensystem bis zur Umlaufbahn des Mars bequem Platz.

# Der Polarstern

Um ihn dreht sich das Firmament, er weist die Nordrichtung, und seine Höhe über dem Horizont entspricht der geographischen Breite des Beobachtungsorts: der Polarstern. 430 Lichtjahre ist Polaris, wie er auch genannt wird, von der Erde entfernt. Das hat der Satellit »Hipparcos« mit großer Präzision gemessen. Der Nordstern besitzt einen bereits in kleinen Teleskopen sichtbaren Begleiter und ist ein Cepheide; dahinter verbirgt sich eine Sonne, die pulsiert und dabei ihre Helligkeit verändert.

Der Polarstern gehört zum Kleinen Bär, dessen hellsten Sterne den Kleinen Wagen formen. Diese Figur ist am lichtverschmutzten Großstadthimmel nicht immer einfach zu sehen, daher haben Laien oft Schwierigkeiten, Polaris zu finden. Als Suchhilfe dient am besten der Große Wagen. Dazu sind die beiden hinteren Kastensterne etwa fünfmal in der Biegerichtung der Deichsel zu verlängern. Polaris erscheint nicht gerade als auffälliges Gestirn. Dennoch war er wegen seiner besonderen Stellung in der Nähe des Himmelsnordpols früher bei Seeleuten als Lotse willkommen.

Der Himmelsnordpol ist jener Punkt, an dem die Rotationsachse der Erde das Firmament »durchstößt«. Richtet man eine Kamera auf diese Nabe und hält den Verschluß eine oder zwei Stunden lang offen, erkennt man auf dem entwickelten Film konzentrische Lichtspuren. Sie stammen von Sternen, die sich während der Belichtungszeit von Ost nach West gedreht haben – als Spiegelbild der Erdrotation in der entgegengesetzten Richtung. Die dicke Lichtspur in der Nähe des Zentrums ist Polaris. Stünde er exakt im Nordpol, wäre er auf dem Bild ein runder Klecks. So aber trennen ihn nahezu zwei Vollmonddurchmesser von dieser Idealposition. Die mit knapp einem Vollmonddurchmesser geringste Distanz wird er im Jahr 2102 erreichen.

Im antiken Griechenland übrigens eignete sich Polaris entgegen eines weitverbreiteten Glaubens nicht sehr gut als Nordstern, war er doch nicht weniger als 24 Vollmonddurchmesser von seiner heutigen Position entfernt.

Woher kommt diese Wanderung? Unser Planet taumelt wie ein Kreisel – natürlich für uns unmerklich und über einen sehr langen Zeitraum. Innerhalb von 25 850 Jahren beschreibt die Erdachse einen vollständigen Kreis. Das heißt: Der Himmelsnordpol (und natürlich auch der Himmelssüdpol) verschiebt sich in bezug auf die Gestirne.

Vor 4700 Jahren wies der hellste Stern in der Konstellation Drache die Nordrichtung, im Jahr 14 500 wird Wega in der Leier diese Rolle spielen.

## Unterwegs im Sommerdreieck

Am 23. September beginnt der Herbst. Doch am Himmel herrscht weiterhin Sommer. Am Abend stehen hoch im Süden drei auffallend helle Sterne. Sie bilden die Spitzen eines Dreiecks. Einen offiziellen Namen trägt diese Konstellation nicht, Hobby-Astronomen nennen sie Sommerdreieck. Beginnen wir unsere Reise durch die Figur bei der Wega. Etwa 25 Lichtjahre ist dieser dritthellste Stern am nördlichen Firmament von der Erde entfernt. Die Wega strahlt mit fünfzigfacher Sonnenleuchtkraft. Die Forscher schätzen ihr Alter auf rund eine Milliarde Jahre. Dagegen erscheint unsere Sonne mit 4,6 Milliarden Jahren als »Oldie«. Anfang der achtziger Jahre machte die Wega Schlagzeilen, als der Infrarot-Satellit »IRAS« eine ausgedehnte Staubwolke fand, die den Stern umgibt. Vielleicht blicken die Astronomen dabei in

die Vergangenheit der Erde zurück: Die Wolke könnte auf die Geburt eines Planetensystems hindeuten. Vor einer ›Invasion von der Wega‹, so der Titel einer Science-fiction-Serie, brauchen wir uns aber nicht zu fürchten.

Die Wega ist der Hauptstern im Bild Leier. Wandern wir von ihr schräg nach unten in südöstlicher Richtung, treffen wir auf Atair im Adler. Der Stern gehört mit 17 Lichtjahren Distanz ebenfalls zur Nachbarschaft der Sonne, die er um mehr als das Zehnfache an Leuchtkraft übertrifft. Seine Oberflächentemperatur beträgt gut 8000 Grad und ist damit höher als die der Sonne. Atair besitzt auch einen größeren Durchmesser: etwa drei Millionen Kilometer. Der Dritte im Bunde ist Deneb. Er sitzt am Haupt des Schwan, der mit weit ausgebreiteten Schwingen durch die Milchstraße fliegt. Hinter Deneb steckt ein wahrer Gigant. Seine Entfernung ist unsicher; nach neuesten Erkenntnissen beträgt sie etwa 3200 Lichtjahre. Deneb strahlt am irdischen Firmament nahezu so hell wie Wega oder Atair – die uns viel näher stehen. Aus diesem Grund muß Deneb eine gewaltige Leuchtkraft besitzen. Tatsächlich zählt er zu den Überriesen.

## Sirius, der Flammende

Wer vom Balkon seiner Wohnung in München, Hamburg oder Berlin den Himmel beobachtet, muß schon ein begeisterter Sterngucker sein, um sein Hobby nicht enttäuscht aufzugeben. Die Dunst- und Lichtglocken der Großstädte verschlucken die zarten Schimmer kosmischer Welten. Die meisten Konstellationen erscheinen unvollständig. Das Firmament schrumpft zum Fragment und zeigt nur etwa 300 Sterne; auf dem Land oder im Gebirge leuchten in klaren Nächten gut zehnmal mehr. Um einer astronomischen »Stadtflucht« vorzubeugen, sei ein Objekt beschrieben, dessen Licht die größten Chancen hat, sich gegen Straßenlampen und Leuchtreklamen durchzusetzen. Und Wissenschaftsgeschichte hat es auch noch geschrieben: Sirius. Neben diesem Eigennamen, der im Griechischen soviel heißt wie »der Flammende«, trägt der hellste Fixstern am irdischen Firmament die Bezeichnung *Alpha Canis Maioris* – Alpha im Großen Hund. Im Februar bezieht er Stellung am südwestlichen Abendhimmel. Seine Strahlen, die uns jetzt erreichen, gingen Anfang der neunziger Jahre des 20. Jahrhunderts auf die Reise, denn Sirius ist etwa 8,7 Lichtjahre von der Erde entfernt. Um den »Hundsstern« ranken sich viele Sagen. Das mag mit seinem rätselhaften Funkeln zusammenhängen. Bei großer Luftunruhe und nahe am Horizont flackert er in allen Farben des Regenbogens.

Die alten Ägypter verehrten Sirius als Gottheit. Um das Jahr 3000 vor Christus trat jährlich kurze Zeit nach seinem ersten sichtbaren Aufgang in der sommerlichen Morgendämmerung der Nil über die Ufer und machte die Täler fruchtbar. Sirius markierte damit ein wichtiges Datum für die Landwirtschaft. Aus alter Zeit stammt auch der Begriff »Hundstage«, mit dem wir noch heute die heiße Jahreszeit bezeichnen. Bereits die Griechen hatten erkannt, daß es natürlich nicht Sirius ist, der die Hitze bringt. Gleichwohl ist der Stern recht feurig. In den äußeren Schichten seiner Gaskugel herrscht eine Temperatur von 10 000 Grad, wegen seiner astronomisch großen Entfernung zur Erde kriegen wir davon aber nichts zu spüren. Dennoch zählt Sirius zu den uns am nächsten gelegenen Sonnen.

Im vergangenen Jahrhundert entrissen die Forscher Sirius ein Geheimnis. Fixsterne stehen nicht fest, sondern sie wandern durchs All. Dies macht sich am Himmel durch eine sehr geringe Eigenbewegung bemerkbar. Im Jahr 1844 fand Friedrich Wilhelm Bessel heraus, daß Sirius auf seiner Bahn schlingert – so, als ob ein schwerer Körper an ihm zerrt. Die Suche nach dem vermeintlichen Störenfried blieb fast zwei Jahrzehnte lang erfolglos.

Dann entdeckte der Optiker Alvan G. Clark mit einem neuen Teleskop unmittelbar neben Sirius ein winziges Pünktchen. Der Begleiter (Sirius B) war gefunden. Doch die eigentliche Überraschung sollte noch kommen. Als Forscher den Stern näher untersuchten, stellten sie fest, daß er zwar soviel Masse besitzt wie unsere Sonne, aber nur etwa so groß ist wie die Erde. Das heißt: Ein würfelzuckergroßes Stück Sirius B würde auf der Erde vier Tonnen wiegen. Der Gasball gehört einer Klasse an, die Fachleute Weiße Zwerge nennen, ausgebrannte Sterne, in deren Herzen das atomare Feuer erloschen ist. Innerhalb von Milliarden Jahren kühlen sie ab und treiben dann als schwarze Schlacke im Universum.

# Die Mega-Sonne

Mit weitausladenden Scheren steht der Skorpion im Sommer tief am südlichen Horizont. Schwanz und Stachel des Tieres bleiben in unseren Breiten unsichtbar. Um so bedrohlicher wirkt sein Vorderleib, den ein heller Stern markiert: Antares. Der Name bedeutet soviel wie »Gegenspieler des Mars«. Tatsächlich schimmert Antares wie der nach dem römischen Kriegsgott benannte Planet in rotem Licht. Doch die Farbe ist die einzige Gemeinsamkeit zwischen den beiden Objekten. Antares ist eine Gaskugel, die ihre Energie aus Kernprozessen bezieht. Der Stern ist etwa 500 Lichtjahre von der Erde entfernt. Bedenkt man, daß ein Lichtjahr einer Strecke von 9,46 Billionen Kilometern entspricht, muß Antares eine gewaltige Leuchtkraft besitzen, um am irdischen Firmament über diese astronomisch große Distanz derart aufzufallen.

Die Astronomen haben herausgefunden, daß Antares 10 000mal mehr Energie abstrahlt als die Sonne und einen 700mal größeren Durchmesser hat als diese. Er ist ein Roter Überriese. Ersetzte man unser Tagesgestirn durch den gigantischen Stern, würde er Merkur, Venus und die Erde verschlucken und noch weit über die Marsbahn hinausreichen. Antares gehört – wie der orangerot strahlende Beteigeuze in der Konstellation Orion – zu den sicheren »Todeskandidaten« im Universum: Der massereiche Stern hat sich am Ende seines Lebens stark aufgebläht und damit einen recht instabilen Zustand erreicht. Schon jetzt rumort es in Antares' Eingeweiden. Als Zeichen dieser Pulsationen registrieren die Fachleute immer wieder Veränderungen seiner Helligkeit.

Alles deutet darauf hin, daß der Stern im Skorpion auf die Katastrophe zusteuert und eines Tages als Supernova explodiert. Das kann aber noch einige Millionen Jahre dauern. Vielleicht aber ist der Gasball längst zerplatzt, und die Botschaft von seinem spektakulären Untergang hat uns wegen der riesigen Entfernung nur noch nicht erreicht.

# Im Bann der Schwerkraft

Zu den bekanntesten Himmelsfiguren zählt zweifellos der Große Wagen. Wer ihn aufmerksam beobachtet und gute Augen hat, spürt über dem mittleren Deichselstern Mizar in einer Distanz von etwa einem Drittel Vollmonddurchmesser ein schwaches Lichtpünktchen auf. Dieser Stern heißt Alkor, wird aber meist »Reiterlein« oder »Augenprüfer« genannt. Mizar und Alkor sind Doppelsterne. Ob sie tatsächlich ein Paar bilden und einander umtanzen, wissen die Experten aber nicht genau.

Betrachten wir Mizar mit einem Fernrohr von mindestens fünfzig Millimetern Öffnung, entpuppt er sich wiederum als zweifach; der lichtschwache Zwilling besitzt einen Abstand von nur einem Hundertfünfundzwanzigstel des Vollmonddurchmessers. Der italienische Astronom Giovanni Battista Riccioli hat die beiden Geschwister 1650 entdeckt. Sie sind auf jeden Fall »echt«. Ihren gemeinsamen Schwerpunkt umkreisen sie in 20 000 Jahren einmal. (Möglicherweise besitzt jeder der Zwillinge noch einen unsichtbaren Bruder.) Mizar ist keine Ausnahme. Gut die Hälfte aller Sonnen gehört zu Doppel- oder gar Mehrfachsystemen, kommt also in einer einzigen großen Gas- und Staubwolke auf die Welt. Während physische Doppelsterne durch Schwerkraftbande aneinandergefesselt werden, stehen bei den optischen Doppelsternen zwei Sonnen am Firmament zufällig in derselben Richtung, sind aber verschieden weit von der Erde entfernt. Die Forscher unterscheiden noch andere Sterntypen, die nur spezielle Beobachtungsverfahren entlarven.

Ein Beispiel dafür sind die spektroskopischen Doppelsterne: Zwei Partner umkreisen einander auf sehr engen Bahnen und erscheinen selbst im besten Teleskop als ein einziges Lichtpünktchen. Erst wenn die Wissenschaftler das Licht in seine Farben zerlegen, verraten sich die Begleiter durch ihre Spektrallinien – wie bei Mizar, hinter dem nach Meinung mancher Experten insgesamt sogar fünf Sterne stecken könnten.

# Das Blinken des Teufelssterns

Der griechische Gelehrte Ptolemäus nannte ihn »Haupt der Medusa«, die Araber sahen in ihm einen »Teufelskopf«. Tatsächlich erscheint Algol unheimlich. Der 93 Lichtjahre entfernte Stern im Bild Perseus leuchtet gewöhnlich ruhig vom Firmament. Aber alle 69 Stunden fällt seine Helligkeit innerhalb von nur dreieinhalb Stunden auf weniger als ein Sechstel des Normallichts, um danach in derselben Zeit wieder auf den ursprünglichen Wert zu steigen.

Der englische Astronom John Goodricke beobachtete Algol im Winter 1782 und erklärte das seltsame Verhalten mit einem unsichtbaren Begleitstern, der sich alle 69 Stunden vor Algol schiebt und dessen gleißend helle Gaskugel bedeckt. Das Medusenhaupt gilt als Paradebeispiel für die »Bedeckungsveränderlichen«.

Die Forscher glauben, daß vielleicht die Hälfte aller Sonnen nicht als Einzelgänger durchs Universum treiben, sondern mindestens in Zweiergrüppchen. Solche Doppelsterne kreisen um ihren gemeinsamen Schwerpunkt. Im Fernrohr erscheinen manche als eng beieinanderstehende Lichtpünktchen; andere lassen sich wegen ihres geringen Abstands gar nicht trennen. Fällt die Sichtlinie mit der Bahnebene des Doppelsterns zusammen, verrät sich das Zwillingspaar durch den periodischen Helligkeitswechsel.

Auch die »Wunderbare« verändert ihre Helligkeit: Allerdings geht es bei dem Stern Mira im Bild Walfisch viel weniger hektisch zu als bei Algol. Ihr Rhythmus dauert elf Monate, hat es aber in sich: Mira strahlt im Minimum etwa tausendmal schwächer als im Maximum! Die 419 Lichtjahre von der Erde entfernte Sonne gilt als Roter Riese und gehört zur Gruppe der Pulsationsveränderlichen: Das sind Sterne, die sich mehr oder weniger periodisch aufblähen und zusammenziehen, wobei ihre gesamte Leuchtkraft schwankt.

# Die Sternenwiege im Orion

Eine Sternenwiege ziert das Schwert des Himmelsjägers Orion. Mehr als 700 frisch geschlüpfte Sonnen stehen dort beisammen, eingebettet in eine mächtige Wasserstoffwolke. Dunkle Scheiben umgeben manche dieser jungen Gasbälle. Auf neuesten Bildern des »Hubble-Teleskops« gleichen sie kosmischen Frisbees. Es gibt für sie nur eine Erklärung: Planetensysteme, die gerade geboren werden. Von alledem wußte Nicolas Claude Fabri de Peirsec nichts, als er im frühen 17. Jahrhundert den Orionnebel beschrieb. Der französische Astronom war aber sicher nicht der eigentliche Entdecker. Das Fleckchen schräg unterhalb der Gürtelsterne zeigt sich in einer klaren mondlosen Nacht bereits dem bloßen Auge. Es muß also schon im Altertum bekannt gewesen sein.

Ein gutes Amateurfernrohr enthüllt die filigrane Gestalt des rund 1500 Lichtjahre entfernten Nebels. In seinem Zentrum blinkt das »Trapez« – vier heiße, nur einige hunderttausend Jahre alte Sterne. Ebenso wie die übrigen Sternenbabys regt ihre Strahlung die dichten Gasschwaden zum Leuchten an. Winzige Staubkörnchen reflektieren das Licht. Auf Farbaufnahmen erscheint der Orionnebel daher rot und blau. Außerdem durchziehen dunkle Staubwolken das Gebilde, dessen Kerngebiet am Firmament der Größe von drei Vollmonddurchmessern entspricht. Der gesamte Komplex reicht bis an die Grenzen der Konstellation Orion.

Nach den Modellen der Forscher entstehen Sterne aus Gas- und Staubwolken. Aus diesem Grund galt der Orionnebel seit langem als ideale Brutstätte. Die von »Hubble« entdeckten proto-planetaren Scheiben scheinen zu beweisen, daß dort auch die Geburt von Planeten an der Tagesordnung ist. Vielleicht finden die Wissenschaftler in Orions Schwert noch weitere Systeme in unterschiedlichen Entwicklungsstadien.

Dann könnten sie quasi im Zeitraffer das verfolgen, was sich vor viereinhalb Milliarden Jahren abgespielt hat, als unsere Sonne und ihre Planeten auf die Welt kamen.

# Braune Zwerge

Jupiter ist ein Planetenriese. Er besitzt den elffachen Durchmesser und die 318fache Masse wie die Erde. Aber Jupiter wirkt wie ein Zwerg im Vergleich zur Sonne; in ihrem Inneren hätten 1,3 Millionen Erdkugeln Platz. Im Gegensatz zu den Planeten leuchtet unser Tagesgestirn selbst – wie alle normalen Sterne. Die Energie bezieht die Sonne aus thermonuklearen Prozessen, die tief in ihrem Zentrum ablaufen.

Der Fusionsreaktor funktioniert aber nur, weil die Sonne schwergewichtig genug ist, und die Temperaturen im Kern bei mehreren Millionen Grad liegen. Am Computer erschaffen Astronomen alle Arten von Sternen. Sie lassen Gaswolken so lange in sich zusammenstürzen, bis sich tief in den Nebeln dichte, massereiche und sehr heiße Kugeln formen. Beobachtungen mit großen Teleskopen stimmen gut mit diesen virtuellen Schöpfungsszenarien überein.

In den siebziger Jahren des 20. Jahrhunderts haben Forscher einen Stern konstruiert, der sich gegenüber der Sonne ausnimmt wie ein Leichtgewicht. Er hat nur ein Zwölftel ihrer Masse und ist mit einigen hunderttausend Grad Kerntemperatur gerade mal lauwarm. Unter diesen Bedingungen kann das Atomfeuer nicht zünden. Und die Oberflächentemperatur des Gasballs liegt im Mittel nur bei 1200 Grad, das sind etwa 4300 Grad weniger als auf der Sonne.

Der »Möchtegernstern«, dessen Durchmesser eher einem Planeten vom Typ Jupiter ähnelt, glimmt ganz schwach. Die Astronomen bezeichnen ein solches Gebilde wegen seiner geringen Größe und der niedrigen Leuchtkraft (dunkle Farbe) als Braunen Zwerg.

Aber gibt es Braune Zwerge wirklich? Im Jahr 1995 lieferte das Weltraumteleskop »Hubble« Aufnahmen des 19 Lichtjahre entfernten Sterns Gliese 229. Auf den Bildern zeigte sich neben der ohnehin recht lichtschwachen fernen Sonne ein unscheinbares Pünktchen – Gliese 229B. Die Experten halten ihn für den ersten jemals beobachteten Braunen Zwerg. Gliese 229B steht im Grenzgebiet der Konstellationen Hase und Großer Hund, die am Winterhimmel zu sehen sind. Hobby-Astronomen können Gliese 229B nicht aufspüren.

# Das Siebengestirn

In den Tiefen des Weltraums schwebt eine gigantische Wasserstoffwolke. Etwa 120 Materieklumpen durchziehen sie, die Knoten rotieren und kondensieren dabei. Dichte und Temperatur steigen. Schließlich zünden im Zentrum einer jeder dieser Gaskugeln atomare Feuer: Fast gleichzeitig werden 120 Sterne geboren. Sechzig Millionen Jahre später gehören diese Sonnen zum festen Beobachtungsprogramm irdischer Sterngucker. Die alten Griechen gaben ihnen den Namen Plejaden. Die sieben Töchter des Atlas und der Pleione leuchten im Bild Stier am abendlichen Winterhimmel. Je nach Sehvermögen lassen sich in klaren Nächten mit bloßem Auge entweder nur ein verwaschenes Fleckchen oder gleich sechs oder sogar neun einzelne Lichtpünktchen ausmachen. Die volkstümliche Bezeichnung »Siebengestirn« ist eigentlich nicht korrekt. In einem lichtstarken Fernglas entfalten die rund 400 Lichtjahre entfernten Plejaden ihre ganze Pracht. Die Mitglieder des offenen Sternhaufens, so heißt diese Klasse von Objekten in der Fachliteratur, funkeln wie auf schwarzem Samt hingestreute Edelsteine. Bläulich schimmernde Nebelschwaden umgeben die helleren Sonnen – gleichsam Reste des Kokons, aus denen sie sich entpuppt haben. Ein Teleskop von zehn Zentimetern Öffnung zeigt an die sechzig Sterne. Fachleute schätzen ihre Gesamtzahl auf das Doppelte. Offene Sternhaufen gewähren Einblicke in die Entwicklung von Sonnen und dienen als wichtige Meilensteine bei der Entfernungsbestimmung im All. Je nach Konzentration unterscheiden die Astronomen verschiedene Typen.

Das »Siebengestirn« hebt sich deutlich von den Hintergrundsternen ab, ebenso wie zwei weitere Schmuckstücke am Himmel: die offenen Haufen h und chi Persei. Wir finden sie zwischen Kassiopeia und Perseus. In jedem dieser Sternenschwärme funkeln viele Dutzend Lichtpünktchen. Ein Fernglas oder ein Teleskop mit großem Gesichtsfeld enthüllt die ganze Pracht. Die Astronomen schätzen das Alter von h und chi Persei – jeder enthält insgesamt etwa 350 Sonnen – auf einige Millionen Jahre. Beide stehen als »Doppelpack« räumlich dicht beisammen und haben zur Erde eine Distanz von rund 7000 Lichtjahren. Ihre Durchmesser betragen jeweils achtzig Lichtjahre.

# Eine Million Sonnen auf engem Raum

Wer in einer klaren, mondlosen Juninacht mit dem Fernglas einen Streifzug über das Firmament unternimmt, sollte in jedem Fall im Herkules Station machen. Auf der Verbindungslinie der vorderen Kastensterne glimmt ein verwaschenes Fleckchen. Das Licht, das den Beobachter in diesem Moment erreicht, hat eine Reise von 25 000 Jahren hinter sich, und es stammt von einer Million Sonnen, die auf engem Raum beisammenstehen. Der Blick durch ein Teleskop von mindestens 15 Zentimetern Öffnung enthüllt einige davon. Der französische Astronom Charles Messier verzeichnete in seinem Katalog diesen kosmischen »Schneeball« als Nummer 13. Heute gilt M 13 als Paradeobjekt für einen Kugelsternhaufen.

Die meisten dieser Gebilde konzentrieren sich in jenem Himmelsareal, in dem die Konstellationen Schütze, Schlangenträger und Skorpion versammelt sind – und in dem auch das Zentrum des diskusförmigen Milchstraßensystems liegt. Das heißt: Die Kugelsternhaufen umtanzen unsere Galaxis wie Motten das Licht.

Für die Astronomen bedeuten die Haufen wichtige Studienobjekte. Die Einzelsterne sind alle gleich weit entfernt und müssen zur selben Zeit entstanden sein. So haben die Fachleute herausgefunden, daß ihre Geburt an die zwölf oder gar 14 Milliarden Jahre zurückliegt. Ungeklärt ist die Frage, wie die Kugelsternhaufen über astronomisch lange Zeiträume »in Form« bleiben können, obwohl sie immer wieder die galaktische Ebene durchtanzen und Auflösungserscheinungen zeigen müßten.

Außerdem rätseln die Experten, warum in manchen Haufen, wie in Omega Centauri am Südhimmel, die Sterne unterschiedliche chemische Zusammensetzungen aufweisen – da sie doch alle aus demselben Stoff entstanden sind.

# Das Geheimnis der blaugrünen Scheiben

Der Astronom Wilhelm Herschel (1738 bis 1822) hat sie auf seinen Himmelsexkursionen mit dem großen Teleskop entdeckt: Kleine blaugrüne Scheibchen, die aussahen wie der Uranus. Verbargen sich dahinter etwa bisher unbekannte Planeten? Das konnte nicht sein.

Bei näherem Hinsehen erschienen sie als halbwegs runde Wölkchen mit ausgefransten Rändern. Herschel nannte sie daher Planetarische Nebel – und stiftete bei Laien Verwirrung. Denn mit Planeten haben die Objekte nichts zu tun. Wir wollen uns auf die Suche nach einer dieser geheimnisvollen Scheiben machen. Bei Einbruch der Dämmerung glänzt im Spätsommer die Wega hoch im Süden. Sie gehört zum Sternbild Leier, das die Form einer Raute besitzt. Wer mit dem Fernglas auf der Verbindungslinie der beiden südlichen Ecksterne entlangwandert, stößt etwa in der Mitte auf ein schwaches Lichtpünktchen. Der Blick durchs Fernrohr enthüllt einen »Rauchring«; er kündet vom Ende einer fernen Sonne.

Sterne sind Gasbälle mit begrenzter Lebensdauer. Wenn sie einen Großteil ihres Kernbrennstoffs verbraucht haben, blähen sie sich auf und schleudern schließlich ihre äußere Hülle in den Raum. Zurück bleibt ein kleiner, aber an seiner Oberfläche bis zu 50 000 Grad heißer Stern, der die ihn kugelförmig umgebende Gasschale bestrahlt und sie zum Selbstleuchten anregt. Die Wissenschaftler schätzen die Zahl der Planetarischen Nebel in unserer Milchstraße auf mindestens 50 000. Der Ringnebel in der Leier (M 57) gehört zu den bekanntesten. In einem Teleskop von etwa 25 Zentimetern Durchmesser erkennen geübte Beobachter im Zentrum auch das geschrumpfte Sternchen. Die Farbe der Planetarischen Nebel stammt von Sauerstoff, der in den Schalen enthalten ist und im blaugrünen Bereich des Spektrums besonders kräftig strahlt.

# Das Fossil einer Supernova

Plötzlich steht er am Himmel und leuchtet heller als die Venus. Selbst bei Tag blinkt er als gelbschillerndes Pünktchen vom blaßblauen Firmament. Einen knappen Monat lang, dann wird sein Licht schwächer. Allmählich entzieht er sich den Blikken der staunenden Menschen. Niemand sieht ihn jemals wieder, der Stern bleibt für immer verschwunden. Man schreibt das Jahr 1054. Europa steht am Vorabend einer neuen Epoche, dem Hochmittelalter. Das Interesse für die Naturwissenschaften ist in diesem Kulturkreis noch nicht erwacht. Anders in China, wo »Hofastrologen« eifrig den gestirnten Himmel beobachteten und jede Veränderung aufzeichnen. So auch den Auftritt des geheimnisvollen »Gaststerns« am 4. Juli 1054.

Das, was von ihm übriggeblieben ist, zählt zu den beliebten Ausflugszielen von Hobby-Astronomen: der Crabnebel im Sternbild Stier. Es gehören schon ein wenig Erfahrung, ein lichtstarkes Fernglas oder ein kleines Teleskop dazu, um das verwaschene Fleckchen aufzuspüren – und noch mehr Phantasie, um in dem bleichen Nebel die Form einer Krabbe (engl. *crab*) zu erkennen. Das Objekt M 1, das erste also, das Messier in seinen Katalog aufnahm, ist eine Sternenleiche. Astrophysiker nennen es weniger prosaisch Supernovaüberrest.

Sterne sind Gaskugeln, die von der Kernfusion leben. Bei diesem Prozeß wird Wasserstoff in Helium umgewandelt. Geht das Brennmaterial zur Neige, erschließt sich der Reaktor zunächst andere Quellen, bezieht seine Energie beispielsweise aus der Verbrennung von Helium.

Irgendwann ist Schluß. Der Stern schlittert in die Energiekrise. Besitzt er eine große Masse, kommt es zum Knall, und der Gasball zerplatzt in einer gewaltigen Explosion. Dabei flammt er auf und übertrifft seine normale Helligkeit bis zum Hundertmillionenfachen: Der Stern wird zur Supernova. Heute, 950 Jahre später, ist von der kosmischen Katastrophe im Stier nur noch die Hülle da.

Im Zentrum des Crabnebels sitzt ein Neutronenstern, der sich dreißigmal in der Sekunde um seine Achse dreht und dabei Lichtblitze aussendet. Dieser Pulsar mißt nur etwa zwanzig Kilometer im Durchmesser.

# Der Kreislauf der Elemente

Das Universum gleicht einem chemischen Labor, in dem die Sterne die Elemente erbrüten. So wandelt der Fusionsreaktor im Inneren der Sonne Wasserstoff in Helium um. In einigen Milliarden Jahren besteht ihr Kern nur noch aus Heliumasche. Während sich der Stern dann zum Roten Riesen aufbläht, entflammt das Helium und verbrennt zu Kohlenstoff und Sauerstoff. In diesem Stadium bläst die Sonne ihre Atmosphäre ins All, Schicht um Schicht wird freigelegt – bis der Rote Riese zu einem Weißen Zwerg geschrumpft ist. Dabei gelangen die Elemente in den Raum. Hätte die Sonne mindestens die achtfache Masse, würde sie Elemente bis hin zum Eisen produzieren und als Supernova zugrunde gehen. Beim Kollaps eines solchen Riesen werden noch schwerere Elemente »gekocht« und freigesetzt. Die Sternschlacke treibt im Weltraum und vermischt sich mit der interstellaren Materie. In diesen Wolken können sich Gas und Staub zu Kugeln zusammenballen, in deren Herzen irgendwann einmal neue Fusionsreaktoren zünden. So setzt sich der kosmische Kreislauf fort. Die Sonne gehört zu dieser zweiten Generation. Im übrigen enthält auch unser Körper Atome, die einst in Sternen steckten.

Vor kurzem werteten Wissenschaftler Daten des europäischen Infrarot-Satelliten »ISO« aus, der die staubreiche Umgebung um einen sterbenden Stern untersucht hatte. Im Spektrum fanden sie den Fingerabdruck eines rätselhaften Stoffs.

Einige Forscher halten ihn für Fulleren, ein fußballförmiges Molekül aus sechzig Kohlenstoffatomen, andere gar für Diamant. Die Astronomen kennen etwa ein Dutzend Sterne, die diesen Stoff fabrizieren. Edelsteine scheint es im All tatsächlich zu geben: In einer Probe des Orgueil-Meteoriten wurden winzige »Nanodiamanten« entdeckt.

# Unsere Milchstraße

Die »Milchstraße ist nichts anderes als eine Ansammlung von unzähligen, in Haufen gruppierten Sternen«. Mit diesem Satz beendete Galileo Galilei 1610 einen jahrtausendealten Streit. Denn über die Natur jenes diffusen Bandes, das sich quer über den Himmel zieht, herrschte lange Unklarheit. Mit der richtigen Deutung des griechischen Philosophen Demokrit wollten sich die Astronomen nicht so recht anfreunden. Und die Mythen über die Entstehung der Milchstraße brachten sie auch nicht weiter. Wilhelm Herschel erkannte im 18. Jahrhundert, daß die Milchstraße das Abbild eines gewaltigen Sternsystems ist. Etwa 200 Milliarden Sterne, darunter unsere Sonne, sowie Staub- und Gasnebel formen diesen kosmischen Diskus; er mißt 100 000 Lichtjahre im Durchmesser. Aus der Entfernung betrachtet, gleicht die Galaxis einem rotierenden, spiralförmigen Feuerrad. Die Sonne (und mit ihr die Erde) läuft mit einer Geschwindigkeit von 250 Kilometern pro Sekunde in rund 250 Millionen Jahren einmal um das Zentrum.

Ein Blick ins Herz der Milchstraße – es liegt in Richtung der Konstellation Schütze – bleibt normalen Fernrohren verwehrt, Dunkelwolken versperren die Sicht. Radioteleskope dagegen haben Erstaunliches enthüllt: In einer Entfernung von etwa 600 Lichtjahren um den Kern beträgt die Masse der Gasscheibe ungefähr hundert Millionen Sonnenmassen!

Nur drei Lichtjahre vom Zentrum entfernt treffen die Astronomen auf turbulente Materieklumpen, aus denen offensichtlich gigantische Sterne entstehen. Was aber verbirgt sich im Herzen selbst? Möglicherweise sitzt dort ein Schwarzes Loch und verschlingt alles, was ihm zu nahe kommt. Von alledem merken wir nichts, wenn wir in einer lauen Sommernacht die Milchstraße beobachten. Aber auch so ist ihr geheimnisvolles Schimmern ein faszinierender Anblick.

# Die Sternenstadt in der Andromeda

In einer klaren Dezembernacht des Jahres 1612 musterte Simon Marius (1573 bis 1624) das Firmament. Der Hofastronom zu Ansbach galt als hervorragender Beobachter. Unabhängig von Galileo Galilei hatte er mit dem Fernrohr die vier hellsten Jupitermonde entdeckt. Er behauptete sogar, sie einige Wochen vor seinem berühmten italienischen Kollegen gesehen zu haben. In dieser Nacht interessierte sich Marius für die Andromeda. Das Bild spannt sich über den Himmel wie die Deichsel eines überdimensionalen Großen Wagen, dessen Kasten das Sternenviereck des Pegasus formt. Nach einiger Zeit entdeckte der Astronom ein seltsames Objekt. Es erschien ihm wie »die durch das Hornfenster einer Laterne gesehene Kerzenflamme«.

Im Oktober beginnt die Saison des Andromeda-Nebels. Wer an einem mondlosen Abend von einem Ort ohne störende Lichtquellen aus beobachtet, sieht die »Kerzenflamme« des Simon Marius sogar mit bloßem Auge glimmen. Übrigens hat schon der arabische Astronom Al-Sufi im 10. Jahrhundert das Wölkchen beschrieben.

Im 17. und 18. Jahrhundert fanden die Forscher viele solcher blaß schimmernden Fleckchen. Immanuel Kant (1724 – 1804) behauptete, daß sie selbständige Milchstraßensysteme ähnlich dem unseren seien. Erst im Jahr 1923 bewies Edwin Hubble die kühne These des Königsberger Philosophen. Damit endete ein langer Streit über die Natur dieser Welteninseln, die manche Wissenschaftler für Gaswolken innerhalb der Milchstraße gehalten hatten.

Die Andromeda-Galaxie übertrifft unsere Sterneninsel an Größe und Masse: In der 170 000 Lichtjahre langen Spirale stehen etwa 300 Milliarden Sonnen. Wer M 31, so die Bezeichnung im Messier-Katalog, betrachtet, blickt rund zweieinhalb Millionen Jahre in die Zeit zurück. Im Feldstecher oder Fernrohr erscheint die knapp zweieinhalb Millionen Lichtjahre entfernte Galaxie als ausgedehnte Spindel mit hellem Zentrum. Nach Beobachtungen mit dem Hubble-Weltraumteleskop verfügt M 31 über zwei Kerne; in einem sitzt vielleicht ein Schwarzes Loch.

# Inseln im kosmischen Ozean

Arabische Seefahrer nannten sie »Weiße Ochsen«, der italienische Entdecker Amerigo Vespucci sah sie auf seinen Exkursionen nach Mittel- und Südamerika, und Antonio Pigafetta, Berichterstatter des Portugiesen Fernao Magellan, beschrieb sie ausführlich in seinem Reisebericht von 1521: zwei zart schimmernde Nebelfleckchen am südlichen Sternenhimmel. Heute wissen wir, daß die beiden Magellanschen Wolken eigenständige Galaxien sind. Unsere Milchstraße besitzt etwa die hundertfache Masse der kleinen, rund 160 000 und 200 000 Lichtjahre entfernten Trabanten. Im Magellanschen Strom, einer gewaltigen Fahne aus Wasserstoffgas, ziehen sie ihre Bahn um die Galaxis. Deren Gezeitenkraft zerrt an den beiden Satelliten und bringt ihre Materie gehörig durcheinander. Vielleicht hat die Milchstraße ihre Begleiter in drei oder vier Milliarden Jahren vollständig aufgesogen. Eine Zwerggalaxie hat sie sich schon einverleibt. Astronomen haben sie erst 1994 entdeckt, sie steckt nahe des galaktischen Zentrums.

Daß es immer wieder zu kosmischen Kollisionen kommt, liegt an der Nachbarschaft unseres Sternsystems. Ebenso wie der Andromeda-Nebel gehört es zu einem Schwarm von gut zwei Dutzend anderen, ausnahmslos kleineren Systemen im Umkreis von fünf Millionen Lichtjahren. Sie tragen ausgefallene Namen wie »Leo III« oder »Wolf-Lundmark-Melotte«. Diese Lokale Gruppe ist Beispiel für einen Galaxienhaufen; das Universum ist voll davon. Der uns nächste, der Virgo-Haufen, liegt in Richtung des Sternbilds Jungfrau (lat. *virgo*) und ist schätzungsweise 75 Millionen Lichtjahre entfernt.

Galaxienhaufen sind die Bausteine des Weltalls. Sie formieren sich zu noch größeren Einheiten. So vermuten die Forscher, daß die Lokale Gruppe Mitglied des Lokalen Superhaufens ist. Sie steht aber ganz am Rand dieses hundert Millionen Lichtjahre langen Konglomerats aus Galaxien. Der Virgo-Haufen dagegen scheint im Kern des Gebildes zu sitzen.

Ein Blick weit hinaus zeigt, daß der gesamte Kosmos von Superhaufen durchzogen ist. Sie sind nicht wahllos verteilt, sondern ordnen sich offenbar an den Rändern gigantischer Waben aus leerem Raum an.

Auf dreidimensionalen Karten, die ein Volumen von Hunderten von Millionen Lichtjahren umfassen, treten diese Strukturen deutlich zu Tage. Mit Super-Computern versuchen Wissenschaftler, die Entwicklung des Alls seit dem Urknall zu simulieren und der Ursache der kosmischen Waben auf die Spur zu kommen.

## Rätselhafte Gammablitze

Es passiert plötzlich und unerwartet – wie am 23. Januar 1999. Da erhellte ein greller Blitz den Gammahimmel. Schon 22 Sekunden später richtete sich ein Roboter-Teleskop auf die von dem Satelliten »Beppo SAX« identifizierte Stelle. Die Kamera registrierte einen neuen Stern, dessen Helligkeit innerhalb von Sekunden stark anstieg, um nach einigen Minuten wieder zu sinken. Mit Hilfe großer Fernrohre bestimmten die Astronomen später die Entfernung der Quelle zu rund acht Milliarden Lichtjahren. Die Explosion fand offenbar in einem Sternsystem statt und leuchtete für wenige Augenblicke so hell wie hundert Billiarden Sonnen. Das Feuerwerk vom 23. Januar 1999 ist kein Einzelfall, durchschnittlich zündet es zweimal pro Tag. Allein der Satellit »Compton« hat seit 1991 mehr als 2000 »Bursts« beobachtet. Die Kaskaden dauern wenige Zehntel Sekunden bis zu einigen Minuten und sind gleichmäßig über das Firmament verteilt. Was steckt dahinter? Tobt draußen im Weltall etwa ein »Krieg der Sterne«? Detonieren Bomben von hochentwickelten Zivilisationen?

Mindestens 150 Theorien haben die Astronomen bisher aufgestellt, um das Phänomen zu erklären. Wenn die Blitze tatsächlich aus mehrere Milliarden Lichtjahre entfernten Milchstraßen-Systemen stammen, gilt es einen Mechanismus zu finden, der die ungeheure Energiemenge erklärt. Lange Zeit dachten die Astronomen, hinter den Gammablitzen stünde die Kollision von zwei Neutronensternen. In diesen ausgebrannten, nur rund 20 Kilometer großen, schnell rotierenden Himmelskörpern ist die Materie extrem dicht gepackt; ein Teelöffel davon würde auf der Erde Millionen Tonnen wiegen! Kämen sich zwei Neutronensterne zu nahe, würden sie in einem Feuerball miteinander verschmelzen und dabei Gamma-strahlen aussenden.

In jüngerer Zeit denken die Astrophysi-ker über ein weiteres Erklärungsmodell nach: die Hypernova. Das ist eine Sonne, die am Ende ihres Lebens in die Energie-krise gerät, explodiert und dabei zu einem Schwarzen Loch schrumpft. Niemand kann eine derartige Schwerkraftfalle sehen, gleich-wohl gilt deren Existenz aufgrund von indi-rekten Beobachtungen als sehr wahrschein-lich. Und explodierende Sterne gibt es wirklich: Der Crabnebel im Stier beispiels-weise ist der Überrest einer kosmischen Katastrophe aus dem Jahr 1054. Dahinter steckte allerdings eine »gewöhnliche« Su-pernova.

Eine Hypernova wäre von schwererem Kaliber und hätte mindestens die zwanzig-fache Masse unserer Sonne. Ein Kandidat für einen solchen Giganten könnte der etwa 8000 Lichtjahre entfernte Stern Eta Carinae sein. Er bringt es möglicherweise auf hun-dert Sonnenmassen. Ginge er als Hypernova hoch, würde sein Gammablitz wohl alles Leben auf unserer Erde auslöschen.

# Anhang

# Tips für die Beobachtungspraxis

Die Beobachtung des gestirnten Himmels erfordert eigentlich nicht viel: eine sternklare Nacht, ein freier Blick in alle Himmelsrichtungen und möglichst wenig Streulicht. Leider sind diese Bedingungen heute selten geworden. Die Atmosphäre ist oft trüb, und hell erleuchtete Siedlungen und Städte dehnen sich immer mehr aus. Wer dann zum ersten Mal am Meer oder im Gebirge das Firmament betrachtet, ist fasziniert und verwirrt zugleich angesichts der scheinbar unzähligen Sternpünktchen. Es kann viel Freude bereiten, Ordnung in das Gewirr der Himmelslichter zu bringen und mit Hilfe von Sternkarten die Konstellationen zu erkennen. Seit Jahrtausenden haben die Menschen das Firmament mit dem bloßem Auge erkundet. Und auch Nikolaus Kopernikus, Begründer des heliozentrischen Weltbildes mit der Sonne im Mittelpunkt des Planetensystems, stand keinerlei optisches Instrument zur Verfügung. Das Teleskop wurde erst 65 Jahre nach seinem Tod erfunden; längst ist es zum Sinnbild der astronomischen Forschung geworden.

Die meisten Sternfreunde möchten früher oder später ein Fernrohr besitzen. Der Markt befriedigt jeden Wunsch – vorausgesetzt, man hat das nötige Kleingeld. Bevor man sich zum Kauf entschließt, sollte man einige Beobachtungserfahrung sammeln. Wir haben schon gesehen (Seite 72), daß ein Fernglas dafür hervorragend geeignet ist. Es zeigt ausgedehnte, lichtschwache Objekte wie Wölkchen innerhalb der Milchstraße, Gas- und Staubnebel (M 42 im Orion, M 1 im Stier), Galaxien (M 31 in der Andromeda, M 33 im Dreieck), Sternhaufen (Plejaden im Stier, M 13 und M 92 im Herkules), aber auch Doppelsterne (Mizar und Alkor im Großen Wagen). Zu den Paradeobjekten zählen Kometen. Hyakutake im Jahr 1996 und Hale-Bopp 1997 zum Beispiel waren im Fernglas eindrucksvoller als im Teleskop. Wegen des großen Gesichtsfeldes hat der Beobachter Kopf und Schweif im Blick, was einen plastischen Eindruck vermittelt. Mond und Sonne (letztere nur mit geeigneten Filtern betrachten!) sind im Fernglas schön zu sehen. Bei den Planeten wird es schwieriger. Oberflächendetails auf Mars oder Wolkenstrukturen in der Jupiteratmosphäre bleiben verborgen, allenfalls die vier hellsten Jupitermonde zeigen sich – vorausgesetzt, das Fernglas ist auf einem wackelfreien Stativ montiert.

Wer Rillen und kleine Krater auf dem Mond studieren oder den Saturnring mit eigenen Augen sehen will, braucht ein Teleskop. Für den Anfänger, der nicht allzuviel Geld ausgeben möchte, kommen zwei Typen in Frage: Refraktoren mit 60 Millimetern und Reflektoren mit 114 Millimetern Öffnung. Das sind die Standardgrößen, wie sie auch Kaufhäuser anbieten. (Auf Fernrohr-Bauarten wie Schmidt-Cassegrain oder Maksutov gehe ich nicht ein.) Im Prinzip haben Refraktoren eine bikonvexe Sammellinse (Objektiv), die im Brennpunkt von einem Gegenstand ein Bild entwirft, das durch eine weitere Sammellinse (Okular) betrachtet wird.

Die Angabe »Öffnung 60 Millimeter« entspricht dem Durchmesser D des Objektivs, die Brennweite f (zum Beispiel 900 Millimeter) gibt an, in welchem Abstand vom Objektiv das Bild entsteht. Das Öffnungsverhältnis schließlich ist der Quotient aus Objektivöffnung und Brennweite, in unserem Fall also 60 : 900 gleich 1 : 15.

Die genannten Begriffe sind jedem Hobbyfotografen geläufig. Er weiß auch, daß das Öffnungsverhältnis entscheidend ist für die Lichtstärke. Das heißt: Je größer die Öffnung und/oder je kürzer die Brennweite, desto lichtstärker ist das Instrument. Diesen Vorteil bietet ein Spiegelteleskop Newtonscher Bauart: Die Lichtstrahlen treffen auf einen konkaven, meist parabolisch geschliffenen Hauptspiegel, werden von ihm reflektiert und einige Zentimeter vor dem Brennpunkt von einem kleinen, plan geschliffenen Fangspiegel aus dem Tubus gelenkt. Das Bild wird außerhalb des Rohrs mit dem Okular betrachtet. Newtonspiegel haben in der Regel im Vergleich zu ihrer Öffnung kürzere Brennweiten als Refraktoren (Öffnungsverhältnis meist zwischen 1: 5 und 1: 8) und sind dadurch lichtstärker. Und: Ein 60-Millimeter-Linsenteleskop besitzt eine Auffangfläche von 2800 Quadratmillimetern, ein 114-Millimeter-Spiegelfernrohr eine solche von 10 200 Quadratmillimetern. Das dunkeladaptierte menschliche Auge bringt es dagegen nur auf etwa 30 Qua-

dratmillimeter! Ein Teleskop bietet neben dem Zuwachs an Licht außerdem einen Gewinn an Auflösung – der Fähigkeit also, eng benachbarte Objekte getrennt zu zeigen.

Die beiden Sterne Alkor und Mizar im Großen Wagen sind rund 700 Bogensekunden voneinander entfernt. Trotzdem fällt es vielen Beobachtern schwer, mit bloßem Auge zwei Lichtpünktchen zu unterscheiden. Die Auflösung eines Teleskops in Bogensekunden ergibt sich aus dem Wert 120 geteilt durch den Objektivdurchmesser in Millimeter. Bei einem 60er-Refraktor sind das 120 : 60 gleich zwei Bogensekunden – Alkor und Mizar erscheinen als deutlich getrennt. Die Auflösung hängt in der Praxis stark von der Luft ab; ist sie unruhig (vgl. Seite 69), verschwimmen die Details.

Wo bleibt die Vergrößerung? Bewußt behandle ich sie zum Schluß, spielt sie doch bei weitem nicht die überragende Rolle, die ihr Laien zumessen. Die Vergrößerung ergibt sich aus der Objektivbrennweite geteilt durch die Okularbrennweite. An ein und demselben Fernrohr ändert sich die Vergrößerung also nur durch den Einsatz unterschiedlicher Okulare. Ein Okular von neun Millimetern Brennweite ergibt bei 900 Millimetern Objektivbrennweite eine hundertfache Vergrößerung. Am 60er-Refraktor sollte diese das Maximum sein. Die Regel lautet: Die gerade noch sinnvolle Vergrößerung liegt beim etwa Eineinhalb- bis Zweifachen der Objektivöffnung in Millimeter.

Welches Fernrohr ist das richtige? Diese Frage läßt sich nicht pauschal beantworten. Ein Reflektor ist wegen seiner Lichtstärke gut geeignet für die Beobachtung schwacher, diffuser Objekte. Den Refraktor setzen erfahrene Sternfreunde eher für Sonne, Mond und Planeten ein, weil seine Bauart eine höhere Detailauflösung und damit eine bessere Bilddefinition liefert als die eines Reflektors. Die beschriebenen Kaufhaus-Teleskope kosten weniger als tausend Mark und sind natürlich keine »Superinstrumente«. Sie verfügen aber über eine Optik von brauchbarer Qualität und eine parallaktische Montierung, an die sich ein Motor anschließen läßt. Er führt das Fernrohr der täglichen Himmelsdrehung nach.

Weil eine der senkrecht aufeinander stehenden Achsen zum Himmelspol zeigt, wird der eingestellte Stern auf diese Weise automatisch im Gesichtsfeld gehalten.

Die Montierung ist leider häufig der Schwachpunkt: Die Achsen sind zu dünn und haben zuviel Spiel. Dreht man zum Scharfstellen am Okularauszug, wackelt der Tubus und läßt das Bild erzittern. Mit bastlerischem Geschick kann man einiges verbessern. Und der Anfänger wird selbst mit vergleichsweise billigen Teleskopen so manche Wunder des Weltalls entdecken.

## Weitere Literatur und Internet-Adressen

Viele Sternfreunde wollen selbst zu Entdeckungsreisen über das Firmament aufbrechen. Starthilfe bietet das Buch ›Erlebnis Sternenhimmel‹ von Carole Stott (BLV Verlagsgesellschaft, München, 1999). Es enthält Tips zur Beobachtung von Sonne, Mond und Planeten sowie eine Beschreibung der wichtigsten optischen Hilfsmittel. Der nördliche Sternenhimmel ist nach Monaten geordnet und umfaßt die wichtigsten Konstellationen sowie lohnende Objekte.

Hervé Burillier erklärt im ›Sternführer für Einsteiger‹ (Kosmos Verlag, Stuttgart, 1999) die sechzig wichtigsten Sternbilder des nördlichen und südlichen Himmels. Voran stehen eine knappe Einführung in die Astronomie, Wissens-

wertes aus der Sternbildkunde und Hinweise zur Vorbereitung der eigenen Beobachtung.

Weil die Gestirne wegen der Erdrotation ständig von Ost nach West wandern, ist eine drehbare Sternkarte ein wertvoller Begleiter durch die Nacht. Wegen ihrer Übersichtlichkeit eignet sich die ›Sternkarte für Einsteiger‹ von Hermann-Michael Hahn und Gerhard Weiland besonders gut zur schnellen Orientierung. Der Fortgeschrittene wird die ›Drehbare Kosmos-Sternkarte‹ von Hanns-Joachim Heermann mit verstellbarem Zeiger zum Aufsuchen von Sternen und zum Ermitteln von Planetenständen schätzen. Beide Karten sind im Stuttgarter Kosmos Verlag erschienen.

›Sterne, Mond und Sonne‹ lautet der schlichte Titel des kleinen Büchleins von Kurt Hoffmann (Eva Hoffmann Verlag, Stuttgart, 1999). Der Autor schildert die Astronomie ohne Fernrohr und erklärt anhand von vielen Illustrationen Alltägliches wie Jahreszeiten, Mondphasen oder Finsternisse.

Einem Jahrbuch gleicht ›Unser Sternenhimmel‹ von Storm Dunlop (Mosaik Verlag, München, 1999). Da werden nicht nur astronomische Objekte erläutert, sondern der Leser findet auch die Erklärung des monatlichen Firmaments, eine detaillierte Beschreibung der von der Nordhalbkugel aus sichtbaren Sternbilder sowie den Lauf der Planeten bis ins Jahr 2003.

Jedem Sternfreund uneingeschränkt zu empfehlen ist das ›Kosmos Himmelsjahr‹ (Kosmos Verlag, Stuttgart). Das Buch von Hans-Ulrich Keller erscheint jedes Jahr neu und enthält klar gegliederte Monatsübersichten, einfache Tabellen und verständliche Berichte zu astronomischen Themen. Ein wertvoller Leitfaden für eigene Beobachtungen.

Mit der Mythologie des Himmels beschäftigt sich Wolfgang Schadewaldt in dem Büchlein ›Sternsagen‹ (Insel Verlag, Frankfurt, 1976). Der Autor erzählt mit viel Poesie die Geschichten der wichtigsten Konstellationen des Nordhimmels, die in Illustrationen aus dem 18. Jahrhundert dargestellt sind.

Wer tiefer eindringen möchte in die bunte Welt der griechischen Sagen, der sollte zu dem Standardwerk von Herbert J. Rose mit dem Titel ›Griechische Mythologie‹ (Verlag C. H. Beck, München, 1992) greifen. Das Handbuch eignet sich hervorragend zum Nachschlagen und Stöbern und bietet eine übersichtliche Zusammenfassung der antiken Märchen.

Eine anschauliche, reich bebilderte Einführung in die Wissenschaft vom Weltall ist das von Pam Spence herausgegebene ›Kosmos Buch vom Weltraum‹ (Kosmos Verlag, Stuttgart, 1999). Es informiert leicht verständlich über das Universum und berücksichtigt dabei auch neueste Erkenntnisse. Eine kurze Einführung in die Praxis am Schluß regt zu eigenen Himmelsbeobachtungen an.

Vom Autor des vorliegenden Büchleins sind bisher zwei Titel erschienen: ›Safari ins Reich der Sterne‹ (Oetinger Verlag, Hamburg, 1992) wendet sich gleichermaßen an Jugendliche wie Erwachsene und nimmt den Leser mit auf eine spannende Reise in den Kosmos.
›Schwarze Löcher und Kometen‹ (Deutscher Taschenbuch Verlag, München, 1999) widmet sich ausführlich den historischen Wurzeln und dem Wachsen unseres Weltbildes, bietet aber auch einen leicht lesbaren Streifzug durch das All und berichtet von der aktuellen Arbeit der Astronomen.

Das Internet ist ein Tummelplatz für Wissenschaftler und solche, die sich dafür halten. Für den Laien ist das Angebot verwirrend, und selbst der Fachmann verliert schnell den Überblick. Zur ersten Orientierung sind hier einige bewährte Adressen genannt, unter denen kompetent und zuverlässig über das Neueste aus Astronomie und Raumfahrt informiert wird:

Europäische Südsternwarte ESO
http://www.eso.org/

Europäische Raumfahrtbehörde ESA
http://www.esa.int/

US-Raumfahrtbehörde NASA
http://www.nasa.gov/

Hubble-Institut mit Informationen über das Weltraumteleskop
http://www.stsci.edu/

Solar Center der amerikanischen Stanford University, das die Sonne erforscht
http://solar-center.stanford.edu/

Eine Reise zu den neun Planeten bietet
http://www.dkrz.de/mirror/tnp/nineplanets.html

SETI-Institut, das nach Radiosignalen außerirdischer Zivilisationen sucht
http://www.seti-inst.edu/

Außerdem hält Yahoo eine Liste mit interessanten Links zu astronomischen Themen bereit unter
http://dir.yahoo.com/Science/Astronomy/

Die aktuellen monatlichen Sternenhimmel-Vorschauen von Helmut Hornung in der ›Süddeutschen Zeitung‹ stehen unter
http://www.sueddeutsche.de/wissenschaft/sterne/

## Verzeichnis der Sternbilder

Die Tabelle der folgenden Seiten enthält alle 88 Sternbilder des nördlichen und des südlichen Himmels. Die Sichtbarkeit der Konstellationen hängt von der geographischen Breite ab. Von ganz Deutschland aus sind im Laufe des Jahres die 54 »Nordhimmelbilder« zu sehen und – je weiter südlich der Standort liegt, desto besser – zusätzlich die acht »Horizontbilder«. Für diese

62 Konstellationen sind in der vierten Spalte der Tabelle zur groben Orientierung die Sichtbarkeiten am Abendhimmel genannt. Zirkumpolar bedeutet, daß das Sternbild das ganze Jahr über dem Horizont steht. Die 26 »Südhimmelbilder« zeigen sich nur am Firmament der südlichen Erdhalbkugel, auf Angaben zu ihren Sichtbarkeiten wurde in der Tabelle verzichtet.

# Nordhimmelbilder

| Name des Sternbildes | Lateinischer Name | Abkürzung | Sichtbarkeit |
|---|---|---|---|
| Adler | Aquila | Aql | Juni – November |
| Andromeda | Andromeda | And | Juli – Februar |
| Becher | Crater | Crt | Februar – Mai |
| Bootes | Bootes | Boo | Februar – September |
| Delphin | Delphinus | Del | Mai – November |
| Drache | Draco | Dra | zirkumpolar |
| Dreieck | Triangulum | Tri | August – März |
| Eidechse | Lacerta | Lac | zirkumpolar |
| Einhorn | Monoceros | Mon | Dezember – April |
| Eridanus | Eridanus | Eri | Oktober – Januar |
| Fische | Pisces | Psc | August – Januar |
| Füchschen | Vulpecula | Vul | Mai – November |
| Fuhrmann | Auriga | Aur | Mai – Januar |
| Füllen | Equuleus | Equ | September – Mai |
| Giraffe | Camelopardalis | Cam | zirkumpolar |
| Großer Bär | Ursa Maior | UMa | zirkumpolar |
| Großer Hund | Canis Maior | CMa | Dezember – März |
| Haar der Berenike | Coma Berenices | Com | Januar – August |
| Hase | Lepus | Lep | November – März |
| Herkules | Hercules | Her | März – Oktober |
| Hinterdeck | Puppis | Pup | Februar – April |
| Jagdhunde | Canes Venatici | CVn | Dezember – September |
| Jungfrau | Virgo | Vir | März – Juli |
| Kassiopeia | Cassiopeia | Cas | zirkumpolar |
| Kepheus | Cepheus | Cep | zirkumpolar |
| Kleiner Bär | Ursa Minor | UMi | zirkumpolar |
| Kleiner Hund | Canis Minor | CMi | November – Mai |

| Name des Sternbildes | Lateinischer Name | Abkürzung | Sichtbarkeit |
|---|---|---|---|
| Kleiner Löwe | Leo Minor | LMi | Dezember – Juli |
| Krebs | Cancer | Cnc | Dezember – Mai |
| Leier | Lyra | Lyr | April – Dezember |
| Löwe | Leo | Leo | Januar – Juni |
| Luchs | Lynx | Lyn | zirkumpolar |
| Nördliche Krone | Corona Borealis | CrB | Februar – Oktober |
| Orion | Orion | Ori | November – März |
| Pegasus | Pegasus | Peg | Juli – Januar |
| Perseus | Perseus | Per | zirkumpolar |
| Pfeil | Sagitta | Sge | Mai – November |
| Rabe | Corvus | Crv | März – Juni |
| Schild | Scutum | Sct | Juni – Oktober |
| Schlange | Serpens | Ser | April – September |
| Schlangenträger | Ophiuchus | Oph | Mai – September |
| Schütze | Sagittarius | Sgr | Juli – September |
| Schwan | Cygnus | Cyg | Mai – Dezember |
| Sextant | Sextant | Sex | Januar – Mai |
| Skorpion | Scorpius | Sco | Mai – August |
| Steinbock | Capricornus | Cap | Juli – Oktober |
| Stier | Taurus | Tau | September – März |
| Südlicher Fisch | Piscis Austrinus | PsA | September – November |
| Waage | Libra | Lib | April – Juli |
| Walfisch | Cetus | Cet | September – Januar |
| Wassermann | Aquarius | Aqr | August – November |
| Wasserschlange | Hydra | Hya | März – Mai |
| Widder | Aries | Ari | August – März |
| Zwillinge | Gemini | Gem | Oktober – Mai |

# Horizontbilder

| Name des Sternbildes | Lateinischer Name | Abkürzung | Sichtbarkeit |
| --- | --- | --- | --- |
| Bildhauer | Sculptor | Scl | November – Januar |
| Grabstichel | Caelum | Cae | Februar |
| Kompaß | Pyxis | Pyx | März – April |
| Luftpumpe | Antlia | Ant | März – April |
| Mikroskop | Microscopium | Mic | September – November |
| Ofen | Fornax | For | Januar – Februar |
| Taube | Columba | Col | Februar – März |
| Zentaur | Centaurus | Cen | Mai |

# Südhimmelbilder

| Name des Sternbildes | Lateinischer Name | Abkürzung |
| --- | --- | --- |
| Altar | Ara | Ara |
| Chamäleon | Chamaeleon | Cha |
| Fernrohr | Telescopium | Tel |
| Fliege | Musca | Mus |
| Fliegender Fisch | Volans | Vol |
| Indianer | Indus | Ind |
| Kleine Wasserschlange | Hydrus | Hyi |
| Kranich | Grus | Gru |
| Lineal/Winkelmaß | Norma | Nor |

| Name des Sternbildes | Lateinischer Name | Abkürzung |
|---|---|---|
| Maler | Pictor | Pic |
| Netz | Reticulum | Ret |
| Oktant | Octans | Oct |
| Paradiesvogel | Apus | Aps |
| Pendeluhr | Horologium | Hor |
| Pfau | Pavo | Pav |
| Phönix | Phoenix | Phe |
| Schiffskiel | Carina | Car |
| Schwertfisch | Dorado | Dor |
| Segel | Vela | Vel |
| Südliche Krone | Corona Australis | CrA |
| Südliches Dreieck | Triangulum Australe | TrA |
| Südliches Kreuz | Crux | Cru |
| Tafelberg | Mensa | Men |
| Tukan | Tucana | Tuc |
| Wolf | Lupus | Lup |
| Zirkel | Circinus | Cir |

# Register